天然气与电力

Natural Gas and Electric Power in Nontechnical Language

作者：Ann Chambers
翻译：王大锐 宋祎楠

石油工业出版社

内 容 提 要

本书是一本关于天然气与电力的科普读物。在本书中你将了解到天然气工业和电力工业的过去、现在和未来，也能了解到天然气从勘探、开采到贸易及用于发电全过程。同时，你也将了解到天然气发电和其他燃料发电的竞争以及几种发电的形式。

本书可供石油工业和电力工业的相关人员使用，也可做科普知识宣传使用。

图书在版编目（CIP）数据

天然气与电力 /（美）Ann Chambers 著；王大锐，宋祎楠译．北京：石油工业出版社，2009.12

(石油科技知识系列读本)

书名原文：Natural Gas and Electric Power

ISBN 978-7-5021-6205-4

Ⅰ. 天…

Ⅱ. ① A…②王…③宋 …

Ⅲ. ①天然气－普及读物②电力工业－普及读物

Ⅳ. ① TE64-64 ② TM-49

中国版本图书馆 CIP 数据核字（2009）第 212483 号

出版发行：石油工业出版社

（北京安定门外安华里 2 区 1 号　100011）

网　　址：www. petropub.com.cn

发 行 部：(010) 64523620

经　　销：全国新华书店

印　　刷：石油工业出版社印刷厂

2009 年 12 月第 1 版　2009 年 12 月第 1 次印刷

787 × 960 毫米　开本：1/16　印张：11.75

字数：190 千字

定价：32.00 元

（如出现印装质量问题，我社发行部负责调换）

《石油科技知识系列读本》编委会

丛书序言

石油天然气是一种不可再生的能源，也是一种重要的战略资源。随着世界经济的发展，地缘政治的变化，世界能源市场特别是石油天然气市场的竞争正在不断加剧。

我国改革开放以来，石油需求大体走过了由平缓增长到快速增长的过程。“十五”末的2005年，全国石油消费量达到3.2亿吨，比2000年净增0.94亿吨，年均增长1880万吨，平均增长速度达7.3%。到2008年，全国石油消费量达到3.65亿吨。中国石油有关研究部门预测，2009年中国原油消费量约为3.79亿吨。虽然增速有所放缓，但从现在到2020年的十多年时间里，我国经济仍将保持较高发展速度，工业化进程特别是交通运输和石化等高耗油工业的发展将明显加快，我国石油安全风险将进一步加大。

中国石油作为国有重要骨干企业和中央企业，在我国国民经济发展和保障国家能源安全中，承担着重大责任和光荣使命。针对这样一种形势，中国石油以全球视野审视世界能源发展格局，把握国际大石油公司的发展趋势，从肩负的经济、政治、社会三大责任和保障国家能源安全的重大使命出发，提出了今后一个时期把中国石油建设成为综合性国际能源公司的奋斗目标。

中国石油要建设的综合性国际能源公司，既具有国际能源公司的一般特征，又具有中国石油的特色。其基本内涵是：以油气业务为核心，拥有合理的相关业务结构和较为完善的业务链，上下游一体化运作，国内外业务统筹协调，油公司与工程技术服务公司等整体协作，具有国际竞争力的跨国经营企业。

经过多年的发展，中国石油已经具备了相当的规模实力，在国内勘探开发领域居于主导地位，是国内最大的油气生产商和供应商，也是国内最大的炼油化工生产供应商之一，并具有强大的工程技术服务能力和施工建设能力。在全球500家大公司中排名第25位，在世界50家大石油公司中排名第5位。

尽管如此，目前中国石油仍然是一个以国内业务为主的公司，国际竞争力不强；业务结构、生产布局不够合理，炼化和销售业务实力较弱，新能源业务刚刚起步；企业劳动生产率低，管理水平、技术水平和盈利水平与国际大公司相比差距较大；企业改革发展稳定中的一些深层次矛盾尚未根本解决。

党的十七大报告指出，当今世界正在发生广泛而深刻的变化，当代中国正在发生广泛而深刻的变革。机遇前所未有，挑战也前所未有，机遇大于挑战。新的形势给我们提出了新的要求。为了让各级管理干部、技术干部能够在较短时间内系统、深入、全面地了解和学习石油专业技术知识，掌握现代管理方法和经验，石油工业出版社组织翻译出版了这套《石油科技知识系列读本》。整体翻译出版国外已成系列的此类图书，既可以从一定意义上满足石油职工学习石油科技知识的需求，也有助于了解西方国家有关石油工业的一些新政策、新理念和新技术。

希望这套丛书的出版，有助于推动广大石油干部职工加强学习，不断提高理论素养、知识水平、业务本领、工作能力。进而，促进中国石油建设综合性国际能源公司这一宏伟目标的早日实现。

王宜林

2009年3月

丛书前言

为了满足各级科技人员、技术干部、管理干部学习石油专业技术知识和了解国际石油管理方法与经验的需要，我们整体组织翻译出版了这套由美国PennWell出版公司出版的石油科技知识系列读本。PennWell出版公司是一家以出版石油科技图书为主的专业出版公司，多年来一直坚持这一领域图书的出版，在西方石油行业具有较大的影响，出版的石油科技图书具有比较高的质量和水平，这套丛书是该社历时10余年时间组织编辑出版的。

本次组织翻译出版的是这套丛书中的20种，包括《能源概论》、《能源营销》、《能源期货与期权交易基础》、《石油工业概论》、《石油勘探与开发》、《储层地震学》、《石油钻井》、《石油测井》、《油气开采》、《石油炼制》、《石油加工催化剂》、《石油化学品》、《天然气概论》、《天然气与电力》、《油气管道概论》、《石油航运（第Ⅰ卷）》、《石油航运（第Ⅱ卷）》、《石油经济导论》、《油公司财务分析》、《油气税制概论》。希望这套丛书能够成为一套实用性强的石油科技知识系列图书，成为一套在石油干部职工中普及科技知识和石油管理知识的好教材。

这套丛书原名为“Nontechnical Language Series”，直接翻译成中文即“非专业语言系列图书”，实际上是供非本专业技术人员阅读使用的，按照我们的习惯，也可以称作石油科技知识通俗读本。这里所称的技术人员特指在本专业有较深造诣的专家，而不是我们一般意义上所指的科技人员。因而，我们按照其本来的含义，并结合汉语习惯和我国的惯例，最终将其定名为《石油科技知识系列读本》。

总体来看，这套丛书具有以下几个特点：

(1) 题目涵盖面广，从上游到下游，既涵盖石油勘探与开发、工程技术、炼油化工、储运销售，又包括石油经济管理知识和能源概论；

(2) 内容安排适度，特别适合广大石油干部职工学习石油科技知识和经济管理知识之用；

(3) 文字表达简洁，通俗易懂，真正突出适用于非专业技术人员阅读和学习；

(4) 形式设计活泼、新颖，其中有多种图书还配有各类图表，表现直观、可读性强。

本套丛书由中国石油天然气集团公司科技管理部牵头组织，石油工业出版社具体安排落实。

在丛书引进、翻译、审校、编排、出版等一系列工作中，很多单位给予了大力支持。参与丛书翻译和审校工作的人员既包括中国石油天然气集团公司机关有关部门和所属辽河油田、石油勘探开发研究院的同志，也包括中国石油化工集团公司江汉油田的同志，还包括清华大学、中国海洋大学、中国石油大学（北京）、中国石油大学（华东）、大庆石油学院、西南石油大学等院校的教授和专家，以及BP、斯伦贝谢等跨国公司的专家学者等。需要特别提及的是，在此项工作的前期，从事石油科技管理工作的老领导傅诚德先生对于这套丛书的版权引进和翻译工作给予了热情指导和积极帮助。在此，向所有对本系列图书翻译出版工作给予大力支持的领导和同志们致以崇高的敬意和衷心的感谢！

由于时间紧迫，加之水平所限，丛书难免存在翻译、审校和编辑等方面的疏漏和差错，恳请读者提出批评意见，以便我们下一步加以改正。

《石油科技知识系列读本》编辑组

2009 年 6 月

天然气与电力

关 于 本 书

天然气与电力工业的融合已经开辟了一个新的市场。在这个市场中，既有天然气专家或电力工业的行家里手，也有许多外行人士。在《天然气与电力》这本书中，读者将对电力工业和天然气工业有一个全面的了解。

工业专家安·查波丝从天然气发展的简要历史入手，分析了勘探、钻井技术、生产过程，探讨了管线输送、储藏、运输、营销和贸易选择等各个方面的问题。然后，安·查波丝又简要阐述了电力工业的历史，并解释了电力设备是如何与天然气工业相匹配的。她用非专业术语详述了使用气体燃料设备的原理、特点和益处，说明了它们与其他设备的不同之处。她讲述了商业化发电厂的发展，分布式发电的增长普及和供应者也可以在新的、非正规市场中受益的途径。利用这些有价值内容，无论是业内人士还是非专业人员都能够从这本书中了解到天然气和电力工业所处的地位和未来的发展方向。

作 者 简 介

安·查波丝是《电力工程》与《国际电力工程》的编辑与记者，也是PennWell出版公司的《电力工业简略》、《电力工业字典》、《电力标记》和《电力入门：非电力专业读者指南》等书的作者，参与主持PennWell出版公司的《国际电力工程百科全书》的编辑工作。安·查波丝拥有美国俄克拉何马州立大学的新闻学学士学位。

前　　言

天然气是我们国家能源组成中的一个重要分子——是一种在新千年中有望增长的重要能源。天然气是电力工业优选的燃料，几乎在所有新设计的电站中都会将其作为燃料。

电力工业正在经历一个痛苦的解禁过程，电力工业正在重建并加强自身实力，以迎接即将到来的市场开放新形势。即将来临的解禁措施压制了发电站的建设，阻碍了全国电力生产建设，因为公共事业部门都在等待、观望。他们害怕对新电厂投资，因为还不能确定那些支出是否可以得到回报。同时，额外的供电能力已经从17%左右下降到一个危险的低水平。在夏季用电高峰时的频繁拉闸限电准确地表明——是该做一些事情了。

终于，在20世纪90年代后期，当解禁的趋势发展到一定气候时，大量的电力短缺就几乎可以确保新建发电厂在解禁后的市场中受益。于是出现了发电厂的建设高峰，在这一时期，一个主要受益方就是天然气工业。

天然气工业已经经过了解禁时期，幸存下来的公司看到了电力工业解禁中巨大的潜在商机。天然气公司和电力部门开始建设新型发电设备，几乎所有新设备都要以用天然气为动力。

在美国，所使用的天然气主要产自本土，所以天然气的进出口几乎没有遇到过什么麻烦。海外的政策也不会影响到美国的天然气供给。美国本土天然气总用量占美国所有天然气使用总量的86%。美国的天然气主要进口国是加拿大。预计到2015年，美国本土的天然气产量将从现在的$19\times10^{12}m^3$增加到$26\times10^{12}m^3$——这足以使美国国产天然气可以连续保持86%的供气指标不变。

此外，天然气的价格已经随其他化石燃料价格而下降，后者是发电的主要燃料。核能是电力工业中占有很大比例的唯一非化石燃料。由于我们拥有丰富的天然气资源，并且不断地发展勘探开发的新技术，所以天然气的价格有望保持一个低的价位，至少在未来的20年中将维持现有的低价水平。

煤的价格便宜，在美国国内蕴藏量极大，但被认为是不洁之物。当排放量的法律条款增加且更加严格时，烧煤的设备就必须花费大量资金去配备净化装置，以达到这些排放标准的要求，这样便增加了煤电的消耗。未来排放量的要求不确定性和这些附加的净化设备的费用正在淘汰以煤为燃料的发电设备。出于相同的原因，烧油的设备也基本上不再使用。但是，天然气却没有所有其他化石燃料所担心的排放问题。它被认为是一种清洁能源，这就促进了它的普及。燃烧天然气的装置的建造也比其他种类的便宜且快捷。

根据美国天然气协会的预测，到 2015 年，天然气的消费有望比现在高出 40% 以上，这归因于工业对燃料的强烈需求，新建民用住宅用户天然气的普及使用，以及新建的燃气型发电厂设备发电量的显著提升。这些增长量将使天然气占据美国能源市场的 28% 以上的份额。

美国的天然气的总消耗量有望从 1997 年的 23×10^{15}Btu[1]增加到 2015 年的 32×10^{15}Btu。最高速的增长预计会发生在电力部门，在该行业中，天然气发电所带来的经济与环境方面的利益将会使天然气持续地获得最大的市场份额。在 1998 年至 2015 年间，电力部门的天然气消费量预计会是目前的一倍以上。发电业在 1997 年使用了 2.9×10^{15}Btu 的天然气，预计到 2015 年该行业的天然气消费将接近 7.0×10^{15}Btu。

商业用电是美国国内一个相对新的市场，它的发电用燃料几乎都来自天然气。一个原因就是天然气公司常常会装备天然气发电设备。这些公司和电力部门都看到了通过转换和控制它们的燃料供应而在市场上使自己的利益最大化的潜力，所以正极力推动这两大工业的融合。

电力工业每年的产值达 2000 亿美元，天然气工业每年的产量超过 800 亿美元，所以两者都是美国的主要工业。而且，它们正在创造一个新型的、产值高达 3000 亿美元的 Btu 工业，其影响是不能被低估的。

在本书中，我们将回顾这两大工业的发展历史，以及促使它们结合的各种力量，包括政治的、法律的、技术和经济方面的内容。天然气的基础知识，包括勘探、钻井和开采、运输，以及交易等都通过通俗易懂的语言给以解释。我们还将讨论电力工业中其他燃料对市场份额的竞争，包括电力工业，商业化发电工厂的增加，分布式发电，以及在新的热能生产中创造价值的策略。

[1] 1Btu（英热单位）=1055.06J（焦耳）。

目　　录

1 天然气的历史

天然气在美国的利用最早可以上溯到1821年，但直到20世纪20年代才开始在能源市场上占有一定的份额。此后，天然气的频繁发现成为不受欢迎的事件，对那些与这种易爆性气体打交道的煤矿主们来说更是如此。Colonel Drake 油田的第一口石油井于1859年在宾夕法尼亚钻探成功，开创了现代石油工业的先河，但天然气利用的普及则是半个多世纪之后的事情了。

天然气为Colonel Drake 油田钻探的石油提供了补偿，而该油田也为美国大陆建于1872年的第一条天然气输气管线提供了天然气。该管线是铁制的，直径为2in[1]，全长约5mile[2]，从产气的井口一直延伸到附近的村子里。天然气输送的一个重要突破发生在1890年，这得益于S. R. Dresser 发明的密封垫。然而，管线的铺设依然极为不方便，而且没有一条输气管线从产气井引出的长度超过100mile。

由于无法得知一口井是否能连续产出天然气，所以天然气依然是一种不可靠的产品。天然气井承担着巨大的经济风险。同时，煤炭与石油的价格便宜，所以，很少有什么经济刺激能够克服与天然气相关的困难。

（1）人工制造煤气与照明。

自从19世纪发现天然气以来，它就几乎完全用于电灯照明。这种情况直到20世纪初电占据了照明市场之后才得以改观。从那时起，煤气公司才把自己的注意力转向热利用，比如天然气装置，包括热水器、空调机以及炊事用具等。

在19世纪，煤气产自位于城区的“天然气工厂”的煤炭。一般地，制造天然气的公司同时也掌管着管线与配气系统的运行。现在，很少有天然气的生产者会介入长途运输或城区配气站的工作。在第二次世界大战之前，这种“人造”天然气的工业与电力部门的市场相对小些，二战后，天然气才得到广泛的应用。在此之前，天然气工业出售人造煤气，

---

[1] 1 in(英寸)=0.0254m(米)。

[2] 1 mile(英里)=1609.344m(米)。

供街道和家庭照明。从煤炭制出的人造煤气用于照明，但若在锅炉中使用这种昂贵的人造煤气就失去了它的经济价值，锅炉可以使用便宜的煤作为燃料。

20 世纪 20 年代初，煤气在美国得到广泛使用，并很快取代了蜡烛，成为住宅照明的主要来源。人造煤气的费用与其本身的价格是相等的，因为它的火焰要比其他的光源好得多。在过度捕猎导致捕鲸时代的结束之前，鲸油一直是人造天然气的最强有力的竞争对手。在 19 世纪 70 年代，一个新对手占据了照明市场的很大份额——当时出现的煤油表现出极大的优越性——它很少会造成人员的窒息性伤害，不需要管线输送，而且可以发出更亮的火焰光。

Wellsbach 罩式灯于 1885 年上市，促使人造煤气成为重要的照明光源而得到广泛使用，因为这种白炽灯可有效的发挥天然气照明的特性。接下来，在 1892 年，汤姆斯 · 爱迪生 (Thomas Edison) 在纽约成功地制成了第一台发电机，以令人瞠目的速度结束了人造煤气照明的时代。

(2) 从光到热。

天然气从一盏灯到热源的转变引发了测量标准的一场革命。最初，天然气的热值是以“烛光”(Candlepower) 来表示的。向热标准的转变始于 1908 年，当时的威斯康星州新公共设施委员会要求天然气配气者们使用英国的热单位（British thermal unites 简称 Btu）。

在人造煤气被无毒、便宜而丰富的天然气供应代替之前，人造煤气的家庭取暖与设备的应用是有限的。1931 年，芝加哥开创了这种方式的先河，天然气的配气机构民众天然气照明公司（Peoples Gas Lighting）与焦炭公司（Coke）把当时世界上最大的天然气生产区（堪萨斯西南部的油气田）的天然气输送到芝加哥。第二次世界大战结束后，天然气工业开始大发展。在接下来的 30 年中，美国的居民用户与工业用户尽享天然气带来的好处。

1.1 管线与运输

在管线随着第二次世界大战得到发展之前，与石油勘探相伴所产出的天然气绝大部分被当场烧掉或者被排放了。直到今天，气体燃料依然远比固体燃料如煤炭和液体的石油难以运输，且费用也要高得多。液体与固体燃料可以用倾注或挖掘的方式注入容器内，并可以通过高速公路、铁路或海运等方式运至市场。但最有效的输送天然气方式是通过固定的、高压管线进行。

管线没有必需的损耗。问题在于当时的技术水平使人们还用不起。今天，管线是石油在大陆输送的首选方式，管线是输送大体积的半液化煤炭的最便宜的方式之一。

管线技术的进步是不规则的。第一条天然气管线有100多英里长，从印第安纳州的几个天然气田铺往芝加哥，它于1891年建成。该管线在120mile的输气线路上没有一部压缩机。在压力足够的条件下天然气可以升至地面，并可连续流动。在管线中，天然气的输送量取决于管线的直径、功率以及管线上加压站的间距。目前的管线以每10～200mile升压1000psi[1]的压力状态运行。芝加哥的管线气从1891年起就以525psi的压力涌出地表。早在1880年，这条管线就用上了压缩机，但压缩机并不是管线延长的限制因素。管线的质量是更加重要的保障。管线工业的发展取决于管材接口处的强度与连接，以及能够经受所需高压的钢材。

安全也是一个因素。与液体不同，气体能够近乎无限制地被压缩，然后在大气压力条件下又可能膨胀回原状。一根油管上的一个小孔或裂隙都可能造成大麻烦，但是这远没有在高压输气线上的危险性高。在那种输气线上，一个小小的孔隙就可引起巨大的灾难。随着时间的推移，钢管取代了以前的铸铁管子。即便如此，管材的强度依然会受到管材制作工序中从平板卷为圆桶状的过程，以及每节管子之间的焊接处的质量的影响。较厚的管材也不能保证就能承受高压，因为管材彼此之间的接缝处依然是脆弱的。

接缝和管线之间的连接技术在1911年就有了极大的进步，当时引进了氧—乙炔焊接技术。1922年诞生了电焊技术。在第二次世界大战中和战后所使用的压力气焊技术融合了能够切开钢管的技术进步，产生了制造业的重大技术突破，为管线制造业的大发展开辟了新路。

随着技术的不断进步，天然气管线工业采取了增加管材直径与压力的方式，此举增大了输气管线系统的能力并提高了经济效益（表1.1）。

表1.1 管线能力增长一览

年份	最大管径 (in)	设计压力 (psi)
1930	20	500
1950	26	800

[1] 1 psi=6.89476 × 10^3Pa。

续表

年份	最大管径 (in)	设计压力 (psi)
1960	36	1000
1975	42	1260

注：虽然一些管线在设计时管径可达 56in，但实际使用中，高峰期的管线直径为 42in。

20 世纪 20 年代后期和 1927—1931 年间，长途天然气输送变得普及了，大约建起了 12 条大型运输管线，每条管线的距离都超过 200mile。这些管线系统输送的天然气来自 3 个产油气区：Panhandle-Hugoton 气田区、位于路易斯安那州的 Monroe 油气田以及加利福尼亚州的 San Joaquin Valley 油田。Panhandle−Hugoton 气田是北半球最大的仅产出天然气的气田群。它们从得克萨斯州的 Panhandle 北部延伸近 300mile，横跨俄克拉何马州，进入堪萨斯州的西南部。

在 1932 年至美国参加第二次世界大战期间，Great 坳陷阻碍了天然气工业中管线建设的进展。战争刺激了美国东海岸工业中心的能源建设，但敌方的潜艇给用油轮运输油品的行动造成了极大的威胁，许多油轮在美国的海岸附近被击沉。与此同时，联邦政府授予田纳西州运输公司以特殊勋章，以表彰其集中人力、物力（钢材）修建了一条从墨西哥到阿帕拉契山脉的全长 1275mile 的管线。出于保卫国家的目的，政府还修建了多条输油管线，它们从得克萨斯的油田铺到了中东以北和阿帕拉阡山脉。战争结束以后，这些管线转为输送天然气。

消费用品与工业用钢铁的短缺随着战争的结束而结束了，而管线的建设直到 20 世纪 60 年代中期才展开。Panhandle−Hugoton 气田继续支持着新管线的增加，许多公司用增加加压站的方式延伸管线的长度。人们还将注意力转向在 20 世纪 30 年代发现的得克萨斯和 Carthage 气田。在得克萨斯和路易斯安那海湾多口钻井获得成功。该地区迄今发现的天然气占到全美天然气总量的 40% 左右。在 1950—1956 年间，有 5 条输气管线建成，每条的长度都超过了 1000mile，它们从海湾直抵美国北部和东部的目的地。

1953 年二叠系盆地产出的天然气第一次向北部与东部地区输送。北部的天然气供应开创了连接的先河，将先前输送 Panhandle−Hugoton 气田天然气的管线中的气流转向南，输往得克萨斯州的西部地区。

这种第二次世界大战后的大发展一直延续到 20 世纪 50 年代后期，当时州与州之间的输气公司积极地将它们的系统相连接，并且增加了在发展中的市场上的供气能力。1959年，休斯敦公司修建了一条1500多英里长的管线，从得克萨斯的最北部通往迈阿密和佛罗里达，并将天然气送抵这些地区。同时还修建了一些复线，将天然气配给全州各地。

到20世纪60年代中期，战后的管线繁荣期结束了。为数不多的几项工程成功地实现了跨大陆之间的管线连接，这使美国的天然气输送管线网更趋成熟。到1966年，天然气可以输抵除夏威夷之外的美国所有州，并可到达加拿大境内除马提尼省之外的所有省份。总体上讲，到了20世纪60年代，天然气管线工业已相对停滞了。

在整个20世纪70年代，关于天然气工业的联邦法律助长了天然气的短缺、削减，以及有关未来供应的悲观主义情绪。这种悲观情绪在整个20世纪80年代依然持续着，这是由于需求方连续的不景气以及对所需的长期供气的持久性怀疑态度所致。出售给居民、商业和工业用户的天然气在1972年达到了顶峰之后就一直以低于此值的量保持了19年，该纪录直到1991年才被打破，达到了173×10^8 Btu。

到20世纪90年代中期，天然气的禁令被大量解除，其用户数量直线上升。天然气——长期以来被认为是一种清洁的、低廉而可靠的燃料跨入了迅速增长的状态，而且，还有望在未来的几十年中继续保持这种势头。

1.2 法 规

随着天然气运输管线网在全美境内的发展，联邦法律网也大有进展。立法活动一个接一个地展开，在近40年的时间内，政府已全面而紧密地控制了天然气工业。在这40年的时间段临近结束之际，法规与法律制定者们认识到，问题并不在于法律的细节，而在于天然气工业本身。

天然气法律是以授予各公司对来自某座城市中煤矿从事制造与分配天然气的独家代理权而开始的。然而，这些法律也是在发展的，它们涉及跨州边境管线的关税法，然后加入了对井口气价的控制及在消费点的燃料选择。天然气的生产者们坚决反对这些法律，他们到处游说，但却无功而返。回顾起来，这一点是很清楚的：对于将天然气作为燃料以及生产或使用天然气的实体的法规都是不利的。价格控制妨碍了天然气资源的开发，而且，这种人为的刺激导致了经济上的损失。在20世纪70年代中的几个严酷的冬季，受到法律约束的一些跨州的天然气市场出现了供气短缺，而那些不受法律约束的州内的市场上的天然气则极为丰富。人们为这些低效的行为付出了经济代价。

1938 年的《天然气法》（*Natural Gas Act* 简称 NGA），1978 年的《天然气政策法》（NGPA），1989 年的《外大陆架土地法》（OCSLA ），以及 1998 年的《能源政策法》（EPA ），都是联邦能源管制委员会（FERC）颁布的监督美国天然气管线工业的一些基本法律（详见本章附件）。

1.3 解除禁令

在 1985 年前，法律规定州际之间的天然气管线运营与今天的电力工业极为相似，管线为众多的用户提供了“打包式”服务，包括天然气的输送，与天然气相关的服务，比如储存以及天然气的产品等。

与电力设施不同，管线公司一般不生产商品。相反地，它们从那些没有进入联合组织的天然气生产者们那里以法定的价格和长效合同的形式购买天然气。用户们将依据这些在他们的纳税范围内的合同购买天然气。与电力部门不同，天然气工业能够挣回自己的商品的那份款项，它们创建并将这些资金包含在自己的纳税中，管线工业并不能从天然气的购买与销售中获利。

在 20 世纪 80 年代中期，天然气管线的建设者们承诺以逐步升级的法定价格在未来的几十年中购买大量的天然气——这些价格能够被用户所接受，这与当今电力设施中的许多基本费用内含有高价的发电费用的形式极为相似。

由于服务的缩水导致 20 世纪 70 年代天然气短缺，而未来的油价预计将超过 100 美元 /bbl [1]。天然气管线就是在由 1978 年的《天然气政策法》(NGPA) 所制定的极具吸引力的价格刺激下修建的。到了 80 年代中期，情况发生了变化。天然气的短缺情况已不复存在，石油的价格远远没有达到 100 美元 /bbl 的水平，所以一些工业用户就把自己的注意力从天然气转向了石油与其他燃料上。即使有天然气市场的削弱，但由联邦能源管制委员会所规定的再销售税率依然上扬。高价的天然气所经历的日期为 70 年代末至 80 年代早期。随着天然气市场价格下跌，在合同规定下的高价天然气增加时，一些较老的、低价供应的天然气来源就

[1] 1bbl(桶) =158.98L(升)。

萎缩了。在服务—价格的框架下，法规使得所有天然气的平均价格变成了一些转卖中流通的价格，用户们所看到的是越来越高的价格。

在绝大多数情况下，这种高价供应气量的增加并不是由于管线供应管理者们的认识或者对变化中的市场因素的反应而引起的。许多高价的、非NGPA合同影响的原因迫使管线公司在购买那些生产者从其资源中选出的输送的天然气。当然，随着能源价格的逐渐下降，管线合同就会促使价格上扬，当这些合同生效时，生产者们就会竭尽全力去开采已经发现的资源。结果，随着天然气价格的上涨，NGPA对供应承诺在绝大多数管线供应投资股份中将会起到越来越大的作用。虽然当时这些合同曾经作为一谨慎的措施进行过讨论，但这依然是一个令人束手无策的价格问题。即使市场情况发生改变为实质上的天然气价格补充创造出一种机遇，但后来的管线建设安排——核准过程则可以是起到了一种调节作用。人们根据前些年发生的能源危机的思维习惯已经“锁定”了一些价格，而天然气的用户们则看不到这些调节。

处理这一问题有多种选择。FERC在一系列不稳定的高价合同下可以宣布一系列价格，从而可阻止在目前市场上更多的溢价出现。这将使管线与生产者们去决定在这些合同的约束之下，谁将被吞并、谁将赔钱。FERC能够认定，具有竞争力的井口天然气市场将能给用户以最好的机会和最好的自我保护，在此基础上，天然气商务活动中对产品一方的禁令被解除了（这与FERC的第636条法令相符合）。在现有的天然气合同中，高于市场营销的溢价将会随之被较低的价格和有竞争力的天然气供给击败。这两者都不是FERC的本意。

相反，FERC认定，该问题是市场功能太差的标志之一。FERC发现，当前的天然气市场价值对管线或用户们的天然气购买决定方面并不具备足够的影响力。为了解决这一问题，FERC分阶段将忽视市场信号的结果弄得更为严峻了。

1984年，FERC颁布第380条法令，宣布建筑的条款为非法，根据这些条款，用户们已经同意为管线建设所承诺的天然气供应付费，即使它们实际上并没有送气。管线的用户们突然间有了可以寻找低价位供气并避免为来自那些旧合同的高价天然气付款的自由。

1985年，FERC颁布第436条法令，对渴望向不断扩大的直接买方市场提供运输服务的管线公司提出要求，要求他们在平等的有利条件下，为其已有的销售客户提供转向服务的选择权。那么，从概念上来讲，规定的管线供应商（依然以原来的费用出售天然气去）将与不受规定约束的自由竞争的天然气销售商们同时存在，且后者会同与其竞争的同一管线公司签订运输服务合同。

但这种观念并没有起作用。FERC 通过禁止以非容量计价方式对天然气进行收费的措施，允许天然气用户们自由选择他们传统的供气方式。商业服务包括那些与实际交易的天然气容积并无关系的那部分费用。

在未来的 10 年中，新的商业与运输价格设计将可以解决该体系下的许多问题，包括天然气的库存费用、费用的缺口、区域运输价格、市场—生产费用，以及弹性价格等。

在许多情况下，这些解禁的过程表现为买卖双方在大事讨价还价后互相让步的交易。一位受法律约束的管线供气者会主动提出，希望用户们在已在的供应合同框架内为一些尚未付款的契约负责，在这些合同中，含有为可供更好地选择的运输服务和更具竞争力的供气选择的内容。但这些都无法实现。FERC 没有批准管线公司为维护那些用户并无责任的备用设备而向用户收费的措施。第三方不得直接与管线公司竞争，因为 FERC 并没有批准向反映真实价格的公司管线收取费用，在能够提供相同商业服务的第三方供应者出现之前，消费者不会放弃他们无偿享受服务的权力。

在该问题出现之后的近 10 年中，FERC 终于采取行动，舍弃谬见。商业活动从管线服务中除去，成为用户与解除禁令后的供气者们以及商人们之间的合同执行条款。商业活动中的商人一方也终于被有效地解除了禁令。

人们普遍相信，竞争的出现为天然气用户们节省了数亿美元。然而，许多工业人士认为，这种猜测并不正确。在天然气工业重组前后，天然气的平均整体销售价格以及所节省的金额，主要表现在天然气价格的减少方面，而不是储备价格对它的影响方面。这意味着以批发价格购买天然气的人们并没有因为竞争的出现而节省自己的资金。批发商们对解除禁令后的允诺是：井口天然气市场已经处在竞争中了。如果由于解除禁令而产生的竞争会降低天然气的价格，那么就会通过减少为商人们的储备付款而实现这一目标，但这种情况并没有出现。

用户节省下数亿美元的预算是通过比较他们现在和曾经为天然气商品能源的付款而计算出来的，这是一种典型的情况。而 20 世纪 80 年代早期的天然气供应合同已被执行了。市场都看到了 20 世纪 80 年代天然气比第二次世界大战后任何一个 10 年中都要大得多的降价幅度。这些降价也反映在今天的商品价格方面。以前的 NGPA 合同如果还有效，就可能导致商品的价格上涨。该假设预算了因禁令的解除而节省资金。但是，这些资金节省的真正原因在于高价天然气合同的修改或者在解除过程中被终止，而不是竞争的结果。

合同修改的涉及面广泛而且有的合同还被终止了。FERC 使那些在他们的合同之下正准备购买高价天然气的用户们减少自己的购买量，而并没有按照合同的要求去为那些最低的价格付费。FERC 还保证，通过开放—进入的规则，将会发现那些拒绝他们高价供气的用户们，便宜的现场售气会将其取代。最后，FERC 谨慎地、不做任何关于管线公司能够恢复与供气合同有关的价格方面的承诺，而根据这些合同，用户们则无法购买管线所提供的天然气。

这些措施使天然气公司与生产者们接受了与以前的高价合同相关的标准价格。大约 80% 以上的费用安装合同约为 400 亿美元，是由生产者们和管线公司共同支付的。这种将以前的合同价格保持不变，和用户们连续在某一地层购买天然气的风险则是相当大的。

在新的市场上，购买者们可以仅仅购买天然气，并仅以商品的价格将其作为商品单独购买。在需要时，用户们可以根据合同所要求的管线供气者们所提供的可互相补充限量的天然气而得到传统的商业服务。最后，除了相互竞争之外，管线公司和其他市场商人们还可互相补充。管线公司提供了满足天然气高峰需求的可信度，而市场商人们则保证了商品的供应。市场商人和直接的购买者活动十分活跃，因为管线公司为天然气的用户们提供了选择自己所需服务的自由。

在 1987—1996 年的 10 年中，天然气的井口价格仅有小幅度的增加。在 1987 年，天然气价格为 2.21 美元 /kft^3，到了 1996 年，气价为 2.24 美元 / kft^3。根据美国天然气协会（AGA）的数据，天然气的运输与配气价格从 2.20 美元 / kft^3 降至 1.40 美元 / kft^3。在 1987—1996 年间，各部门的天然气用量几乎下降了 18%。

各天然气公司正在维护他们的核心商务，但他们也正在积极地扩展其在非法律限定的市场上的业务。已被解禁的一些子公司能够与其他市场开展竞争，出售不同形式的能源、能源产品与服务。

附件 天然气解禁的一些关键时期

1978 年 《天然气政策法》(NGPA) 终止了联邦政府对天然气井口价格的控制（如同 1985 年 1 月 1 日 所颁布的法令），但保留了对天然气鼎盛时期价格的控制。

1985年　联邦能源管制委员会（FERC）颁布第436条法令，建立了一套非官办的纲要，鼓励天然气管线公司为用户从生产者处购买的天然气提供运输服务。

1989年　《天然气水源控制法》(NGWDA)解除了以前所有的对井口气价的控制。

1992年　FERC的第636条法令颁布，要求州际间天然气管线公司不得统揽天然气的销售、运输与储备服务。

1995年　第1部居民天然气用户选择纲要得到落实。到1997年，在美国7个州和哥伦比亚特区落实了当地的天然气设施，供居民用户们选择使用。

1996年　FERC颁布第888条法令，鼓励通过开放公共设施管线服务，展开运输服务方面和批发销售方面的公平竞争；通过公共设施与运输设施恢复标准的价格。同年，FERC颁布第889条法令，授权信息系统与经营标准同时解禁。

2 天然气的勘探、钻井和开发

石油产品，包括天然气，是由远古时期的动植物遗体分解而形成的。冲刷作用将生物的遗体带到河流和靠近海岸线的地方，在那里，它们与泥和各种颗粒混合在一起。随着时间的推移，这些生物遗体被沉积物覆盖，并被其上覆的沉积物压实。久而久之，在压力和热的作用下，这些沉积物就形成了岩石。今天，石油产物常常在沉积岩层中被发现，比如砂岩、页岩和白云岩等。

石油和天然气在沉积岩的孔隙中向上、向地表运移。如果天然气或轻质石油到达地表，它们就会挥发掉。绝大多数油气从来就没有在地表聚集过。石油和天然气将在地下岩石层形成的圈闭中聚集，这些圈闭是在生成石油和天然气的沉积岩层之上形成的。

圈闭了石油和天然气的岩石层是非渗透性的岩石层，一般会在褶皱或断层的作用下形成穹隆。圈闭了石油和天然气的岩石层称为“盖层”，而该套地层统称为“圈闭”（图 2.1）。

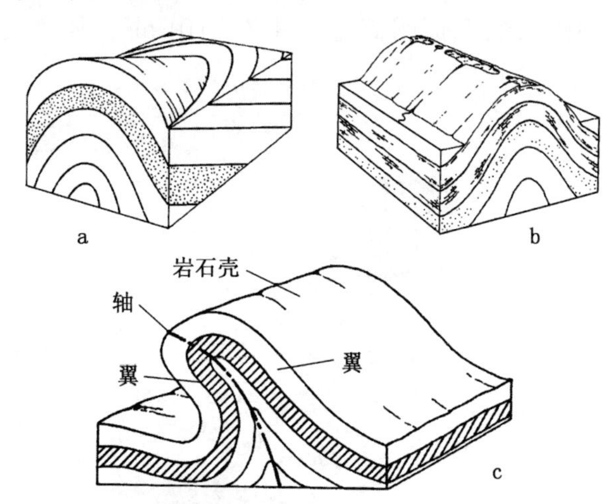

图 2.1　能够保存油气沉积物的岩石层实例

a 和 b 为一套背斜，一套大型向上隆起的沉积岩层，由褶皱形成。一套大型的向下弯曲的岩石层，称为向斜。一套圆柱形或椭圆形向上的隆起称为穹隆。c 为褶皱的几部分示意图

2.1 勘 探

在油气勘探的早期，人们观察地球的表面，以寻找可能含石油和天然气的地层证据。人们常常根据初步的推测而不是科学依据进行钻井。

地质学家们现在会进行一些实验，判定可能的油气资源。他们研究地面的岩石层，以确定何处的岩石层被褶皱形成了圈闭。不断发展的技术也被用来确定地下石油和天然气的位置。地震学就是研究声波如何穿过地壳的一门科学，是地质学家们手中无价的工具。声波振动受不同岩石类型的影响，可记录一套岩石是如何反射声波的，这将给经过特殊培训的地质学家们一些关于岩石类型及其深度的线索。计算机技术已溶入地震学中，三维地震数据已经投入使用。这一技术用大量的地震测量数据产生一幅地表之下的岩石层的三维图像。这些数据被输入计算机，分析并建立一套三维模型。使用传统的技术，在钻一口井的范围内发现石油的机会为 10% ~ 20%。而应用三维地震技术，发现石油和天然气的机会就大大增加了。然而，即使使用了当今所有新技术，要证实一个特殊区域的地表下面是否有天然气或石油的唯一可靠方式就是钻井。

北美有着丰富的天然气资源，它们分布在几个主要盆地内（图 2.2）。美国的天然气探明储量为 $4.7 \times 10^{12} m^3$，加拿大为 $1.9 \times 10^{12} m^3$，

图 2.2　北美主要产天然气的沉积盆地

墨西哥为 $1.9 \times 10^{12} m^3$；北美总共为 $8.5 \times 10^{12} m^3$；全世界天然气探明储量为 $145 \times 10^{12} m^3$（表 2.1）。

表 2.1 1997 年北美的天然气探明储量 单位：$\times 10^{12} m^3$

美　国	4.7
加拿大	1.9
墨西哥	1.9
北美总计	8.5

绝大部分的北美天然气采自少数几个州和省，最著名的有美国得克萨斯州、路易斯安那州、俄克拉何马州、新墨西哥州和加拿大艾伯塔省（图 2.3）。

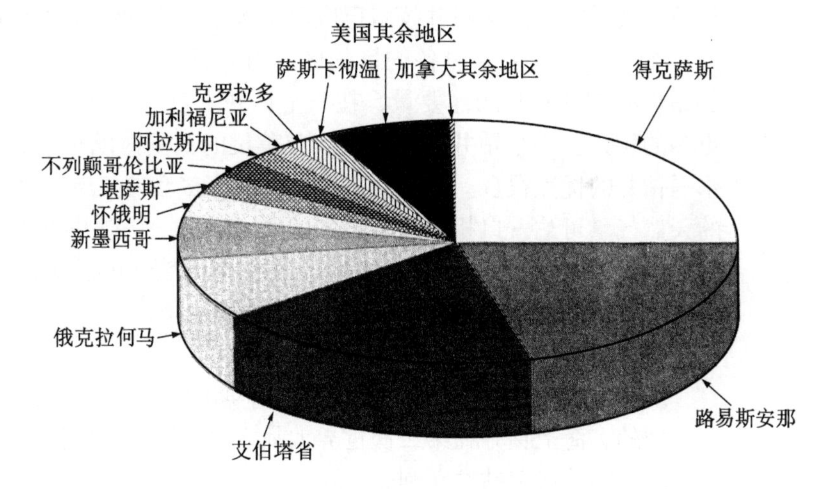

图 2.3 北美主要的天然气产出州和省

2.2 钻 井

一旦选定了靶区，就将要确定钻井所需要的装备类型，如果预计的目的地层相对较浅，就可以使用一套顿钻钻井装置。地层的岩石性质也是选择钻井设备的因素。

冲击或顿钻钻井，是用迅速提升、下降的金属块撞击出一个孔。被疏松了的土壤和岩石碎屑必须定时地从钻孔内取出，以便为钻头在井底清理出一个干净的接触面。通过把钢管插入井孔以防止井壁坍塌。

旋转式钻井与顿钻钻井不同，前者是用锋利的钻头去钻开土层和岩石层。钻头还可以用来将无用的岩石碎屑带上地表。一套由电发动支撑机械、润滑设备以及多个滑轮构成的复杂系统控制着钻头并保持其润滑。在地表之下，钻头接在一根长钻杆上。对不同条件下和不同岩石类型，人们用各种不同类型的钻头进行钻探。对那些要钻多种岩石类型的深钻井，可能就需要用不同类型的钻头。

在旋转钻井中，钻井液是非常重要的。它被用来冷却钻头、清除岩屑，并为井孔覆上保护层。绝大多数钻井液是以黏土为基质的，用于正在钻进中的特定地层。钻井液在钻孔的井壁上形成一层泥饼，在钻杆插入井孔之前可以起到防止井壁坍塌的作用。

技术的进步已经帮助许多公司在提高钻井价值的同时节省费用。最为出色的技术之一就是水平钻井。这种钻井并不垂直于地面，而是另一种新的钻进方式。钻斜井技术已应用了多年，这种钻井以一个角度钻进到一个无法安装钻井设备的目的区。斜井已被用于海上钻井，可以减少昂贵的钻井平台的需要量。在一个钻井平台上，可以钻出 20 口甚至更多的斜井。水平钻井可以在仅仅几英尺的范围内以 90° 角拐弯钻进。水平钻井的优点很多。一口水平井可以钻穿多套储集层，而且所开采出的天然气量可达一口相当的垂直井的 5 ～ 7 倍。一口井的使用寿命可以从开采量的 25% 增加至 50% 以上。石油与天然气可以随着钻进而陆续被开采出来。

海上钻井

从 1869 年开始就有了海上钻井。早期的海上钻井设备是安装在浅水区域的。海上钻井在第二次世界大战之后得到迅速的发展，当时的技术已经能够使海上钻井获利。

陆地钻井与海上钻井的主要区别就在于井场。在陆上钻井，陆地为钻井提供了基地，而在海上钻井，钻机的基地是人工制造的。在海上钻井中，浮动的钻井平台首先要固定在海底，并允许在其上面与海浪一起晃动。为达此目的，就要在水下建筑一个基座，而且要通过上面的一个孔向下打约 100ft❶，直插海底。用套管插入浅孔中，可以成为钻井底盘的永久性基座。这种底盘是一个大箱子，上面有多个圆形孔。可被用作多口钻井的导向孔。在该底盘上还安装有其他设备。

---

❶ 1ft（英尺）=0.3048m（米）。

可以与这种钻井基座相联结的钻井平台有多种，这将取决于海水的深度、与岸边的距离以及海浪的强度。在钻井位置靠近海岸线的地方，就可使用大型驳船。在远离海岸线的广海中，或者在水体极深的海区，钻井就需要较大型的钻井平台。一旦这些大型钻井平台被安装在钻井井位，它们的基座里就充满水，所以就会在水中固定住。它们还依靠本身的自重和锚链在海床上固定。钻井船，看上去与普通的船十分相似，但在它们的甲板上有一座钻井平台，可以在深水海域作业。

永久型海上钻井平台安装在将要钻多口井的海域，该区域可望在一个较长时期内保持高产。在北海，一些用于开采石油与天然气的钻井平台是当地最大的建筑物。它们矗立在 500ft 深的海水中。它们相当坚固——能够抵抗超过 60ft 高的海浪和风速达 90nmile[1]/h 的强风。这些钻井平台的直径可以超过 450ft，重量达 55×10^4t 以上。

2.3 开 发

一旦发现天然气，为了在不损伤地层的先决条件下尽快地把天然气开采出来，人们就会使用各种测试手段去确定最有效的开发速度。人们还用一些手段检测钻井孔内的压力、温度和其他变量。一些井中的天然气具有足够高的压力，天然气不需要泵或其他抽提系统就可以自动流到地表。这种情况较为少见，一般地，某些层位的开采是需要抽提系统的。

然而，绝大多数井需要一套抽提系统。最常见的是有杆泵抽油法——安装在地面的泵带动着缆绳和杠杆，做上下运动，将天然气从井下抽出。最常见的泵称为“马头”（译者注：在我国称为“驴头”），因为将一条缆绳送入井孔内的末端机械的形状看上去就像一个马头（图 2.4）。这些泵用动力帮助马达抬起机械泵上的抽油杆。其他抽提装置可以安装在地下。这些装置紧紧地贴近天然气层，并将天然气抽提到地面。

很少有连续泵抽提的井。在井下，天然气从岩石层中渗流通过需要时间。为了提高效率，生产者们设定泵仅仅分时段启动，以便为天然气在井孔中的聚集留出时间。

每年美国各地的天然气开采量都不尽相同，但也相对稳定，在 20 世纪 90 年代，年均为 $5100 \times 10^8 \sim 5450 \times 10^8 m^3$。加拿大的年产量为

---

[1] 1nmile（海里）=1.85200km（千米）。

$100\times10^8\sim150\times10^8m^3$，墨西哥的年产量不超过$300\times10^8m^3$，北美地区的天然气年产量略高于$7000\times10^8m^3$（表2.2）。

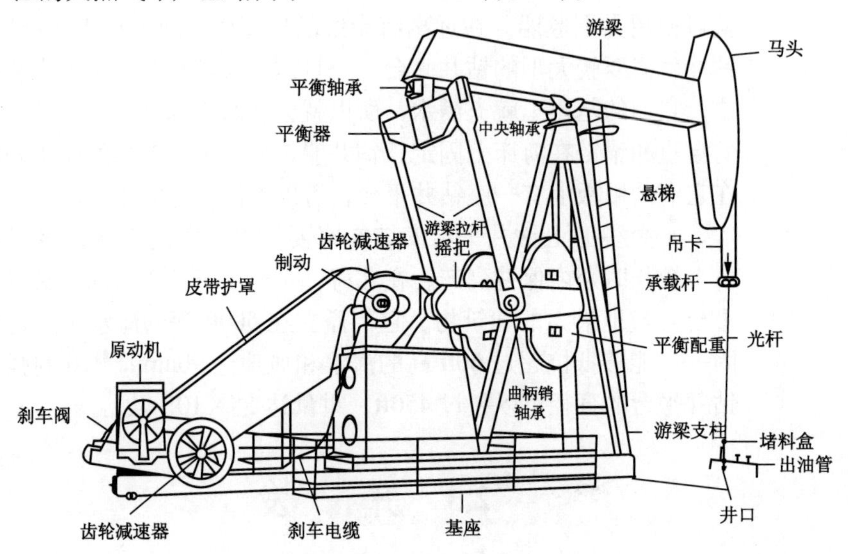

图2.4　有“马头”的一套游梁装置

表2.2　1995年天然气产量　　单位：$\times10^8m^3$

美国	5350
加拿大	1480
墨西哥	280
北美总计	7110
全球总计	21300

加工处理

天然气的加工工业将天然气汇集、处理并提炼，把天然气变为各种可以利用的组分。刚采出的天然气主要为甲烷，但也含有许多其他的烃类气体，包括乙烷、丙烷、戊烷、庚烷和己烷（图2.5）。

未经处理的天然气的平均组分见表2.3。在甲烷混合物中还可能存在其他多种烃类气体。这些气体一般要被除去并单独销售。

表2.3　未经处理的天然气组分

烃类	含量（%）	非烃类	含量（%）
甲烷	70～98	氮	微量～15
乙烷	1～10	二氧化碳	微量～1

续表

烃类	含量（%）	非烃类	含量（%）
丙烷	微量～5	硫化氢	微量（偶见）
丁烷	微量～2	氦	微量～5
戊烷	微量～1		
庚烷	微量～0.5		
己烷	无～微量		

美国的天然气处理工业每年要加工 $18\times10^{12}ft^3$ 的天然气，大约为 30×10^8bbl 油当量。这些天然气被处理为有用的天然气、液化天然气、发动机燃料，以及石油化工的原料等。

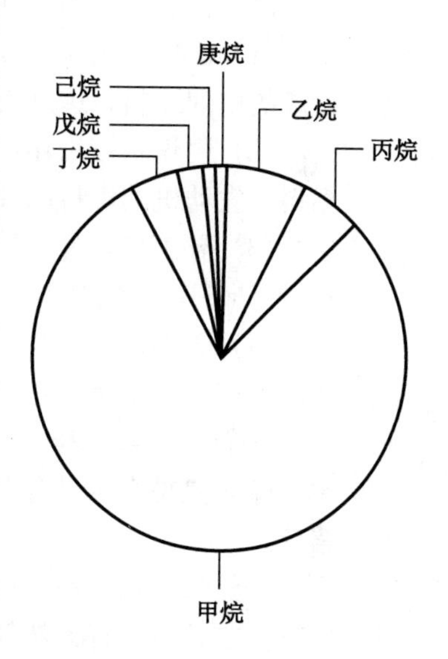

图 2.5 处理前的天然气组分

天然气以 3 种形态存在——伴生气、非伴生气和凝析气。伴生气在油藏中发现，它既不溶于石油中，也不与石油分离，而是与含油沉积物混合在一起。这种天然气与石油一道从井口抽出，并在井口进行油气分离。在天然气工业的早期阶段，所有的天然气都以伴生气的形式在钻探石油的过程中被发现。

非伴生气在油藏中与石油并不共生。一些井专门为勘探地下的寻找此类天然气而钻。这种天然气常常被称为“气井气”或“干气”。现在，美国产出的天然气中，大约 75% 的是非伴生气。

许多油井既不产出液体也不产出气体，但却是介于两者间的产出物。此类产出物由于密度过高而不是气体，但也不是液体。有一些被称为凝析气储集层，而且通常埋藏得较深，储集层的压力高。

天然气所含有的组分变化较大，但基本的组分为甲烷和乙烷。大多数天然气还含有较重的烃类物质，比如丙烷、丁烷和戊烷等，在天然气的处理过程中，这些较重的烃类要被除去。每种组分都有特定的重量、燃点和其他物理特性。这就意味着有可能将其逐一分离。含有较大比例的重烃的天然气被认为是“富”或“湿”气。“瘦”或“干”气中所含的重烃组分较少。

天然气还含有水分、硫化氢、二氧化碳、氮及其他可能产生污染的气体。所有的天然气都必须进行加工处理，除去其中不需要的成分，这样才能适应管线输送或市场销售。管线中的天然气几乎为纯的甲烷或乙烷，以及极少量的水气或杂质。各管线公司一般都有它们自己的天然气输送所需的专利标准。

在天然气的处理过程中，生产厂家发现有许多液化的烃类，它们将被分离并作为副产品分别销售。这些产品包括：

(1) 乙烷：仅仅在极高压或极低温的条件下以液态存在。它被用作乙烯的中间原料，这是当代最重要的基本石油化工产物。

(2) 丙烷：被用作乙烯和丙烯的中间原料。丙烷气体可作为加热的燃料，发动机的燃料以及工业燃料。

(3) 异丁烷：是一种高辛烷汽油的重要配料。它也被用在三氯丁基乙醚（MTBE）的制造工艺中，这是一种发动机汽油的原料。

(4) 天然汽油：是一种庚烷和其他重烃物质的混合物，含有少量比例的丁烷和异丁烷。它是发动机燃料的组分。

人们将二氧化碳从天然气中分离出来并回注到油井中以提高采收率。硫化氢是有毒且有腐蚀性的气体，所以要被分离并被加工处理为元素硫。

天然气的加工在井口就开始了——在那里，将天然气从石油中分离出来。在井口，将天然气与其他组分从石油中分离后供管线输送。这些天然气被汇集、加工处理，压缩，然后通过管线送至工厂进行最终的加工，以生产出高质量的天然气和能够上市的液化天然气。工厂的最后处理包括从天然气和液化天然气的组分（分离物）抽提出天然气液化物的馏分。这种加工还需要更多的处理工序以达到获得天然气和液化天然气的条件。

对天然气中的组分进行吸收与分馏有两种基本的方法。“吸收法”——通过使用一种具有吸附性的油从天然气中除去一些组分。通过控制温度而分离组分的方法称为“分馏法”。这种方法是利用在不同分离产物之间沸点不同的优点。液化天然气的处理一般是把较轻的产品加热至沸点，以便将它们从较重的产品中分离出来。

在美国，大约有600多家天然气加工厂。它们主要分布在6个州中，承担着全美70%以上的天然气加工任务，以及90%以上的液化天然气的生产任务。这6个拥有天然气加工厂的州为得克萨斯、路易斯安那、俄可拉何马、怀俄明、堪萨斯和新墨西哥（表 2.4）。这些厂平均的天然气加工厂处理能力为 $1100\times10^5ft^3/d$。工厂的处理能力为不足 $100\times10^4ft^3/d$ 到 $20\times10^8ft^3/d$ 以上。在美国，还有大约 70 个分馏工厂。

表 2.4　天然气的加工能力

州　名	工厂编号	天然气处理能力 ($\times10^4ft^3/d$)	NGL	NGL ($\times10^3bbl/d$)
得克萨斯	237	11502	725	40.9
路易斯安那	68	12734	272	15.3
俄可拉何马	79	2748	174	9.8
怀俄明	39	3030	103	5.8
堪萨斯	16	2803	97	5.5
新墨西哥	28	2122	163	9.2
美国其他地区	156	13416	241	13.5
全美总计	623	48355	1775	100.0

美国的天然气加工工业由大约 250 家公司构成，其中 20 家最大的处理公司生产美国天然气总量中的 35% 以及 75% 的液化天然气。美国每年大约生产 6.48×10^8 bbl 液化天然气，每天大约生产 180×10^4 bbl。美国的天然气供应还包括炼制产品和进口量。

3 天然气的运输和储存

3.1 运 输

虽然天然气可以多种形式运输，但管线输送是迄今为止天然气输送最主要的方式。

共有3种类型的管线：采集管线、干线或输送管线以及配气管线。采集管线将每口产气井与气田上的加工处理厂连接起来。绝大多数天然气井因井下有足够的压力而会自然地溢出地表，然后通过采集管线送达天然气加工厂。在低压气井中，可在井口附近安装一台小型压缩机，用来增加出气管处的压力，以达到足以使天然气输送到加工厂的压力水准。在一些情况下，将多口井的出气管线连接在一起进入一条较大的管线内，然后一并输往加工厂。

出气管的长度是变化的，但它们通常仅有几英里长。这种管线的直径相对较小，一般为2～4in。工作压力也是变化的，但一般为几百个磅/平方英寸（psi），有时会达到2000psi。管线的长度，操作压力、直径以及天然气井出气管线的全长都取决于该井的产能、产出的天然气类型，加工厂的处理条件和地理位置，及其他因素。

通过油气田的加工厂，天然气进入输气管线系统，输送至城市，在那里，天然气将会被分配到每个商业用户、工厂和居民用户。到最终用户的配气由公共事业部门完成，这些部门将来自输气管线的天然气保存并通过小型的、有计量装置的管线输送给每个用户。

天然气的输送系统可以覆盖相当大的地理范围，可达数百英里长。输送管线在一个相对高压的条件下运行。设在管线的起始端的压缩机为天然气在管线中的移动提供能量。管线沿途设置的加压站用来保持管线内所需的压力。加压站之间的距离取决于天然气的输送量、管线的直径及其他因素。输送能力可以通过加压站而提高。

输气管线用钢制成，埋藏于地下。每根钢管之间的接口以焊接方式对接，管线外层有包裹层，以防被侵蚀。管线的直径最大可达60in。

将天然气输往大规模的用户群的一套输气系统有多个加压站和处理

厂组成，它们的运行是复杂而极具挑战性的。计算机与采用了先进技术的交换系统使得管线操作者们能够在系统中以最小的故障率来更好地为用户提供所需的服务。

美国的天然气输送系统的管线长达 30×10^4mile 以上，这并不包括区域性的配气管线（表 3.1）。这些管线必须由其周围的仪器遥控，以保证管线内的气流成分和条件数据的精度。绝大多数公司使用管线控制和数据探测系统 (SCADA) 维护从遥测点获得的数据，包括一些无人看管的站点。20 世纪 80 年代到 90 年代初，人们对管线系统大量投资，以提高美国东北部西海岸和佛罗里达地区该系统的工作能力。然而，这些管线工业依然在能力、效率和性价比等方面有待提高，因为运输的费用依然在用户们使用天然气的花销中占有很大的比例。

表 3.1　1998 年世界天然气管线的建设

区域	4 ~ 10in (mile)	12 ~ 20in (mile)	22 ~ 30in (mile)	32in 以上 (mile)	总长度 (mile)
美国	1405	287	835	577	3104
加拿大	398	85	190	50	723
拉丁美洲	50	118	120	151	439
亚太地区	328	2219	731	306	3584
欧洲	1028	459	97	2195	3779
中东	—	57	—	—	57
非洲	—	40	27	621	688
世界总计	3209	3265	2000	3900	12374

注：这些项目已于 1998 年开始实施，并预计在 1998 年完成。

区域	4 ~ 10in (mile)	12 ~ 20in (mile)	22 ~ 30in (mile)	32in 以上 (mile)	总长度 (mile)
美国	64	117	645	2650	3476
加拿大	360	498	1420	2814	5092
拉丁美洲	—	846	794	4251	5891
亚太地区	841	3120	1726	1252	6939
欧洲	58	589	1874	3240	5761
中东	522	19	166	829	1536
非洲	—	—	—	449	449
世界总计	1845	5189	6625	15485	29144

注：这些项目已经在 1998 年开始实施，将在 1999 年或晚些时间完成；资料来自：《油气杂志》(Oil and Gas Journal)。

3.1.1 输送量

输送量需求——对于任何给定的管线或者整个工业来说，这都是可变的。对于天然气的需求量，一般每年增长 2% 或者 3%，但是并不能保证这样的增长会出现在哪条管线上。人们对这种需求进行了预算，并且对未来的需求进行了规划，在修建一条足够大的、可以满足任何需要量的天然气管线与一条能够仅仅满足当前需求的管线之间选取了一个折中的方案。

如果一条管线铺设完成之后，在较长的时期内会有较大量的额外输送量的话，则该管线系统就将受益。如果仅仅铺设了一条直径较小的管线，而用户的需求量超过其输送量时，该系统就必须扩大容量了。这些系统可以用增加更多的泵或者压缩机来扩容，也可以在该管线的全程沿线或者部分线段平行地铺设附加的管线进行增容。平行安装的管线称为复线。

绝大多数管线的设计都考虑到了一些额外的输送能力，所以管线的能力可以通过加压或者增加泵的功率而提高。能够由通过增加功率而提高压力的工作会受控于该系统最大允许操作压力。最大操作压力由一系列适用于该管线尺寸、重量和钢材的成分以及管线所铺设的位置等要求来确定。

3.1.2 管线设计

管线设计的关键因素包括以下几项：

(1) 管线的直径：管线的内径越大，所能通过的气流就越多，也就为一些运输中的气体体积变化预留了空间。

(2) 管线的长度：每一段管线的长度越大，其管线内的总体压降就越大。

(3) 特定的重量与密度：气体的密度是其每个单位体积的函数。

(4) 压缩系数：在高压和高温条件下，天然气的压缩系数将会发生改变。设计中的计算必须考虑到在一些常规条件和高压或高温条件下的压缩系数。

(5) 温度：温度会直接和间接地影响管线的输送能力。在天然气管线中，运行的温度越低，其运行能力就越强，这是弹性而可变的。

(6) 黏度：黏度是流体影响流动的一种性质，而且是在计算管线尺寸和所需泵功率时的一个重要因素。

(7) 摩擦系数：摩擦系数随管线内壁的光洁度而变化。

有许多公式可以用来计算管线内的天然气气流，这些公式考虑了压力、温度、管线直径与长度、管线内壁的光洁度等因素。各种公式的主要区别在于其适用的范围——对管线的摩擦的处理和最佳适应性。

3.1.3 主推进器

主推进器是一台电动机或者涡轮机，为天然气通过管线提供所需的功率。一般根据其输出功率和效率而选定主推进器。同时，也必须考虑到给主推进器输送动力的能力以及这些能量的价格。主推进器的初始价格应与其他设备的费用进行比较，而且，设备的维护费用也是一个必须考虑的因素。主推进器的类型包括电动机、燃气轮机、柴油发动机和内燃机。电动机与燃气轮机是最常用的。

压缩机或泵站的大小并没有统一的标准，在站内的泵或压缩机的大小也没有统一的标准。一座小型的天然气集气系统的加压站可能仅有一台压缩机；一座大型的主干线输气站可能有多台这种压缩机，其总功率可达30000hp[1]甚至更大。一套典型的系统拥有多台压缩机，它们由总功率达百万马力的主推进器驱动。

为了计算驱动一台压缩机所需要的功率数，必须确定将天然气压力从吸入压力增加到输出压力所需的功率，允许在压缩机中损失部分功率。由于天然气是可压缩的流体，所以在计算时必须考虑到更多的因素。

由于电动机的价格往往要低于其他的主推进器，所以在加压站中被大量使用，用电线相连接。电动机还容易自动控制和遥控操作。一般也较少需要进行维修。电动机在易爆炸的环境中是很危险的。所以它们常常被安装在一个密闭的环境中。在选择将电动机作为主推动器时，应考虑到绝缘材料，电动机与安装的配置的特殊要求，以及所需的空气过滤装置。腐蚀性、相对湿度、化学腐蚀或者其他恶劣的环境都需要特别考虑到，应引起警惕。

燃气轮机主推进器被广泛地使用在驱动管线的泵和天然气输送中

[1] 1hp（英制马力）=745.69987W（瓦）。

的离心式压缩机中。涡轮发动机为中等转速，其运行速度为6000～8000r/m。空气动力的涡轮机也可使用，它在较高的转速下运行。液体燃料或天然气可以被用于为涡轮机的天然气输入端提供能量。雾化的燃料与天然气及压缩空气一起混合并在该端点点火。所产生的热量排出推动着涡轮机转动。燃气轮机要比电动机费用高，而且其维修费用亦相对较高。周围的温度也会对涡轮机的能力产生明显的影响，而这一点是必须考虑到的。它们一般对燃料的需求也是有弹性的，可以根据需求使用天然气、柴油或其他气体燃料。

3.1.4 控制与编制进度计划

管线的控制系统应统一设定压力与流量，以及管线沿途工作站的启动与停止的泵和压缩机，并监控这些泵和压缩机以及阀门的工作状态。在大型管线系统中，许多控制指令是由中心控制站发出的。

管线操作人员最重要的功能之一就是编制每项生产输送量的进度计划——在一个指定的时间内管线确保为用户提供输送。管线操作人员还必须对输送的全部气体体积进行精确的计算。当产量不频繁发生变化且用户数量不多时，这种工作就挺简单的。一个复杂的系统，若有大量用户与变化着的天然气产量，其流量与操作条件就需要时常变化。编制进度计划和计算就变得相当复杂了。

3.1.5 管线清洁器

管线的“清洁器”和管道输送隔离球是用来清洗管线和将一条管线内的不同流体分离开来的。管线清洁器还用于监测那些会引起故障的因素与问题。这些清洁器一般为钢制的，上面有橡胶或塑料的杯状物，起到对管线内部的密封作用，并允许压力将这些清洁器沿管线内壁移动。在清洁器表面可以安装不同类型的刷子和刮削器，以起到清洁作用等。

管线清洁器可以起到以下作用：

(1) 除去管线内的蜡和水等；

(2) 将产品分离开，及减少不同产品类型之间界面的摩擦；

(3) 在检测、烘干和清洗时控制管线内的流体；

(4) 保护管线，使之免受凹陷、弯曲或腐蚀的损伤；

(5) 对管线内部涂层，进行防腐处理。

3.1.6 测量

天然气的计量仪有孔板式、容量式和涡轮式等类型。这些计量仪测量管线内天然气流体的体积。近年来，对天然气热容量的重视已经促进了对流通的天然气流的单元热容量监测技术的出现。除了传统的定期采样或色谱分析方法之外，还实现了对天然气单元热容量的声波测量。

基本条件，如大气压力和温度，在进行测量之前都必须被确定。在天然气合同中，应将这些基本条件除去。计量仪也需要一些数据，如气流的温度与压力，天然气的特殊重力，以及在流动条件下的天然气压缩系数等。

天然气可以通过体积或质量进行测量。质量流测量近年来已经十分普及。质量流测量是计量每小时通过的气流的磅数，而体积测量的是每小时通过的立方英尺数量。这两种测量方法都与流动中流体得到特殊重力有关，对一些流体而言，尤其是天然气，其物理性质不是完全可以预测的，所以质量测量就要比体积测量更为精确。

当管线系统被相互对接时，来自各方的天然气就会在一根管线中混合。对于天然气的热值测量来说，除了它的体积和质量测量之外，这是很有前景的方式。热值的测量允许用户们可以合理地付费，而天然气生产厂家也可获得一个满意的价格。

热值的一个常用单位是 Btu——意思是在一个特定的温度将给定质量的水的温度升高 1 ℉所需的热量。热值常常进一步被定义为总热值或纯热值。天然气与空气在恒定压力下完全燃烧所放出的 Btu 数。天然气的温度以及燃烧的产物以 60 ℉计算。由此燃烧反应所形成的所有水被凝析为液体。先确定了总热值，然后减去将由此燃烧反映所产生的水蒸发所需的潜在热量，即为纯热值。

3.2 储　存

储存是管线运输系统的一项重要功能。储存允许在管线操作中的波动，也使在输送管线的天然气中不该有的波动降至最低天然气的储存是为需求高峰时所需而备的，在这个时期对天然气的需求量要远高于管线的平均输送能力。在天然气需求量广泛而且频繁变化时，是不可能改变生产井进入输送管线的天然气产量的。比如，天然气的需求量在很大程度上取决于天气情况，而且需要按月了解这些波动。

天然气一般储存在地下，以气体或液体的形态储存在地面或地下的储气罐内。由于是气体，它们可以被储存在地下具有合适渗透率与孔隙度的岩石或砂质储层内。天然气在高压状态下被注入地下，在需要时，储集层中的这种压力就可将天然气压出来。当需要量较高时，就可将地下储集层中的天然气抽出来，并与管线中正在输送的天然气汇合。天然气还可被储存在一些枯竭了的石油或天然气田内，盐穴或含水层也可以被用做天然气的地下储存库。当需要量较低时，可将一些天然气从管线中抽出储存，储存库中的一些天然气必须被用做垫气，以便可用将天然气抽出与注入。理想的天然气储存库应当位于消费中心附近，以及运送管线与其加压站附近。

将天然气以液体形式（LNG 储存）是一种可行的方法。当天然气被液化至 -260 ℉时它的体积可减至其总体积时的 1/600。LNG 储存需要在一些特殊的工厂进行——一座设施完整的工厂应包括纯化、液化、储存以及再汽化——至终端工厂，在那里，从储存罐接收 LNG 并按所需进行再次汽化，还有缓解高峰需求的工厂，在这些工厂，天然气以液态储存以满足用气高峰所需。

地下与地上的储存罐以及地下储存方法都可以用来储存 LNG。由于液化天然气必须在极低温下才能保持其液态，所以隔热层在 LNG 储存设计时就是一个最重要的因素。对于地下洞穴储存方式来说，需要在地下挖一个洞穴。然后在洞穴四周安插管线以形成一个环形的“冰箱”，将土壤冷却并形成一个不渗透的屏障。这个洞穴用一种密闭封盖封住，以储存 LNG。地上 LNG 储存罐为双层壁，在内外壁之间有隔热层。地上的 LNG 储存主要用于缓解高峰需求并可供基本供气厂使用。

地下的混凝土储存罐也可用于 LNG 储存。这种储存可用于大量 LNG 的储存。这些储存罐也必须注重隔热。这些储存库中，可以用泵将 LNG 输送至蒸发器，在那里进行再汽化并输送给用户。

4 天然气贸易

天然气工业的解禁与由供需关系所确定的价格，已经使得此工业向各路商人敞开了大门。与任何商品市场一样，商人们试图以低价购买并高价出售以从中牟利；天然气也作为一种商品进行买卖交易。

管线提供了天然气的基本运输，将天然气从生产地输送至与市场相连接的地方。一些管线起到了与另一些管线或储存地区之间的桥梁作用。最后，天然气到达了最终用户。在那里，即在炉盘上或燃烧点，天然气被用户使用。

终端用户有多种类型，一些是常规的，取决于他们所从事的工作类型。比如，当地的配气公司（LDC）提供一套管线或配气系统，将天然气供给城市和乡镇的用户们。由于LDC被认为是公共事业部门，所以它们遵守其所在的州的公共部门管理委员会（PUC）所制定的税率政策与法律。其他的终端用户包括一些非法律限制的工业用户，他们用天然气产生热量，用天然气做动力驱动生产自己产品的机械。热电联供厂用天然气产生热量，制造蒸汽驱动发电机；商业的终端用户燃烧天然气，为空间提供热量，加热水，以及为空调机提供动力。这些用户包括办公室、学校、旅馆和餐馆。

就每个用户所消耗的天然气容积来看，电力部门是天然气唯一最大的终端用户。它们通过燃烧大量的天然气发电，然后将电力出售给用电者们，由于它们是公共事业部门，所以电的价格受到其所在州的PUC法律控制。

电力工业所经历的解禁也是一个变化着的过程，电的价格也将取得供应关系。电力在一个限制性的基础上，已经作为商品进行销售，美国一些州在对它们的电力工业解禁方面做得较好。这意味着天然气价格如果提高到一个已不再具有经济效益的高点，则根据人们所能接受的电价，就无法实现将天然气燃料转换为电能，而这些部门将转而使用其他燃料，或者从他们那些燃烧其他燃料（如煤炭或核能）的工厂产生出更多的电力。

虽然市场营销公司既不是天然气的生产者也不是终端使用者，但它们在管线的商业活动中依然扮演着一个重要的角色。它们也作为销售商或第三方从已经存在的市场中获取利润。此外，它们最为著名的功能是作为从事交易的公司——为赢利而从事天然气的买卖交易。作为解禁的结果，任何公司都可以自由自在地向任何人购买或出售天然气。它们还有权利与几乎任何一家拥有管线系统的公司签合同。与这些情况相似，能够借此机会进入市场的能力导致了从事天然气贸易公司的数量聚增。这些贸易商们所从事的工作就是尽力扩大天然气的买卖差价。此外，许多生产者、LDC和电力部门已经在它们的企业中建立了市场营销与贸易部门，以参与对这些潜在的利益机遇的争夺，或者在从事与天然气工业服务行业中实施专业化管理工作。

每天，交易公司都在寻找需要额外供气或大量需要天然气的地区。如果它们发现了用气量暂时饱和的地区，比如，当它们将运输权出售给其他一方时，就可以低价收购并获得供气的权力，他们攫取了两者之间的最大利润。这种运输，既可以在相同的地方进行，也可以在有天然气消耗的地方进行，目的就在于开展商务活动。

服务、市场营销以及贸易公司对于天然气工业来说都是重要的。作为服务的提供者，这些措施都需要行政管理的程序，对于那些没有建立这类部门的或者知道如何实施这些措施的公司而言，都处在一个较低的价位上。作为交易者，他们通过对有利的机遇的判断来确定那些供需失衡的地区，从而保持供求平衡，并从中获益。

4.1 供　给

正如我们所看到的，北美地区拥有丰富的天然气资源。绝大部分天然气来自少数几个产气区，而且必须输送使用。一些天然气的埋藏深度不大，所以开采的费用并不高，而一些则由于难于钻探而需要付出高昂的代价。

但是，影响北美天然气供应的最大因素是价格。天然气的价格越高，就越能激发生产者们去寻找更多的供应。当天然气降价时，就要关闭那些仅能保本的气井，以保证维护与生产价格没有高于销售的利润。而且，在评价一些预测井时，相对于有潜力的回报而言，一些新的钻井项目的亏本风险就会大增。

自然灾害也会对供应造成暂时的影响。由于在墨西哥湾有大量的海上天然气生产井，飓风就对该地区的天然气供应造成了极大的冲击。一旦飓风袭来，生产者们就会撤回作业人员并停止生产。这就会造成天然气供应的暂时短缺。如果一场暴风真正地损坏了那些平台设备（如1992年的Andrew号飓风），天然气的短缺就会变得更为严重。Durin、Andrew等几座钻井平台被损坏，而且无法操作，天然气的供应被迫中断了约6个月。天然气价格在购买者们为供气而进行激烈的争夺时，就会发生价格暴涨。在这些情况发生时，来自美国和加拿大的天然气供应就会被用来弥补因墨西哥湾供应短缺而造成的损失。随着对天然气供应需求的增加，美国的天然气价格就会继续上扬。然而，当这些被损坏的钻井平台被修复以后，供应就可以满足需要，而天然气的价格也就会回落到发生灾害前的水平。

在较小的范围内，天然气井口在极度严寒的气候延长时会被冻住。发生这种情况时，在这类特殊开采地区的井就无法运行，而这些区域的供气也就会暂时无法输往市场。当温度回升到正常时，生产也就恢复了，天然气的市场也得以恢复。

4.2　需　求

天然气市场的需求一方要比任何预测更为动态。天然气的用途远不止加热和发电。虽然天然气主要用作燃料来发电，但还有更为复杂的用途。美国加利福尼亚的石油生产者们有时会用天然气从一些陈旧的、低压的油井中采出更多的石油来。这种方法是将高压天然气注入地下的石油储集层之下，增加石油的储集层压力。然而，这种做法仅仅是整体需求中的一小部分。

工业公司代表着最大的天然气需求领域——用天然气驱动机械与重型设备。民用也是天然气需求的较大组成部分。民用天然气的消耗是非常现实的——为房间加热，或者作为炉子和壁炉的燃料，以及加热汽车油箱的热水等。

发电是天然气的第三大市场。电力部门以及独立发电者们用天然气驱动燃气轮机发电。

对天然气的需求水平提高与下降是价格变化和多种其他原因所造成的。改变天然气需求量变化的最重要因素是气候。寒冷的天气极大地影响着民用与商用供热的需求。同理，炎热的气候也会影响对天然气的需求，因为电力部门会用更多的天然气发电，供空调机使用。

经济也会影响天然气的需求。比如，对钢铁产品强烈需求的经济形势将促使钢铁生产者们以最大能力运行他们的设备，以生产额外的产品。由于需要用大量的天然气作为这些额外增加工作量的炼钢炉的燃料，对天然气的需求量也就随之增加了。对天然气的需求量（也就是消耗量）而言，它对价格改变的敏感度远远不及供应一方。当天然气价格上扬时如此，而当天然气价格下降时，这一特征就更为突出。这是使用天然气的性质所致，大量的用户在天然气降价时，并不急于进入市场去购买。然而，一旦天然气价格降至某一水平时，生产者们往往就会将生产井关闭几个小时。

4.3 运 输

一条管线的命名是由一位第三方的运输人为其授权的。这需要管线公司确认、解释，并落实为该运输者所提供的运输交易。如果该运输者正在计划将天然气通过一条特定的管线从A地输往B地，则必须通报其管线为此提名权的意图。一个提名权必须包括所有需要保证的能够按要求完成的细节。

提名权 (nomination) 一般包括：

(1) 运输者的运输合同号；

(2) 输气一方的运输合同号；

(3) 开始日期；

(4) 停止日期；

(5) 运输者的接受地点；

(6) 运输者的接受量；

(7) 运输者输送地点；

(8) 运输者的输送量；

(9) 接收方的运输合同号。

由于天然气的输送是以天计算的，所以天然气管线公司对它们系统的监测也是以天为计量的。运行过程中会有小的变化，井口采集系统以及管线自身的实际操作者们开始测量并计算早7点到次日早7点流过他们所负责的管线的气体流量。对于这样一个天然气流通的整天的时间计算来说，有代表性（典型）的截止时间是上午10点。这样就导致了交易活动就在每天早上的几个小时内处在最繁忙的状态，因为这些交易商们要为他们次日的生意签合同。

一旦管线公司从一位运输者那里获得了命名权，就进入下一个流程——确认，就是将所有的运输细节与输送方要求的细节进行对照，将运输方的细节与接收方的细节对照确认。如果有任何不相符，该命名权将不会被确认并必须重新进行。

一旦一个命名权得到确认，管线公司就会为气体的运输确定日程。这个日程提醒公司的工作人员预测运输方的授权书所规定的天然气通过运输人员所设计的接收计量仪的量，以及在开始之日运输人员所设计的运输流量计的量，此举日复一日，直到下一个目标被确认。典型事例是，通过流量计的天然气量要远比一位运输者的命名权所说的量大，所以管线的运营人员们在一个特定的流量计上标明运输者的命名权所规定的气流量，即“运输者所要求的天然气供给量”。当该运输日程被成功地完成之后，管线公司通常会向所有命名权的各方提交一份报告。

只有当管线公司希望继续运营时，运输日程才会被继续执行。由于测量是 24 小时进行的，管线运营人员在该流程完成之后是不知道实际上有多少天然气被接收和被输送的。出于此因，管线公司必须考虑到在众多的运输者之间的一个或多个计量仪上实际会有一定的气流量，这些运输者们在该点处为当天的天然气命名权获得者。

典型的情况是，运输者们根据一些确定的运输合同，首先获得运输日程所规定的全额气量，然后把剩余的气量分配给那些中途签约的运输者们。配气是在管线系统的所有流量计上完成的。这意味着这些管线公司对按日程所规定的管线内所必需的气流量和实际流量进行着连续的测量与计算。这也意味着管线公司在不断地判定着运营日程所规定的流量与分配气量，而这种判断总是实际情况后滞一整天。

管线公司还必须平衡进入其系统内的日程规定与分配的气量之间的差距。如果管线公司能够承受一些冲击的话，或者该运输者已经存在一种失衡状态的话（它常希望在这种失衡能够被预算出来之前通过过量的接收或过量的运输而停止运营），绝大多数管线公司会允许在任何一天内有 3% 的“日程计划外流量”被输送的。

如上所述，有两种基本的运输类型：固定的运输和中途签约的运输。固定的运输优先于中途签约的运输。除了自然灾害之外，管线公司不得以任何理由中断供气。中途签约的运输优先权就要差一些，也就是可靠性低一些，因为它可以被管线公司以任何理由而中断供应。在这两种合同的制约下，运输者们按照已知的商品价格付款，以美元 /MBtu 交付。这种价格随着一年中的不同时间与运送的距离而变化。还有许多以货代款式的燃料费，即在那些所输送的气体小于所接收的气体体积（按 % 计算）的地方。固定合同还包括储存的费用。

4.4 实际交易

天然气按不同类型的合同进行购买与销售。然而，每项合同都将参照下列标准的内容：

（1）购买方；

（2）销售方；

（3）价格；

（4）量（每天的交易量）；

（5）接收与输送地点（命名权的接收点）；

（6）保存权（每天的量）；

（7）条款与条件。

特定的“条款与条件”有代表性地勾画出一些细节，比如付款日期、质量要求以及有别于其他条款的执行方式。有3种合同的执行方式：中途签约或浮动式合同、基本负载合同、固定合同。

根据一份签约（可终止的）合同，购买方与销售方双方同意以一个特定的价格与量进行交易。双方同意任何一方都有法律义务，都要以商定的流量输送或接收。在天然气交易中，浮动式合同交易有一种参考方式——每日一签的合同，根据此合同，价格与体积都可以上下浮动。

基本负载合同与中途签约合同相似，根据此合同，每一方都同意双方进行输送或接收，严格按照交易合同中所规定的天然气体积进行。然而，有一种共识，根据最好的努力基础，接收一方将认可此交易中的气体容积。

固定式合同具有法律依据，比如任何一方以双方同意的合同的保有权上的价格和输送双方同意的体积气量。这些合同仅用于那些天然气的需求与供应可望达到100%可信度的地域。

4.5 贸易市场

天然气的货币价值是以其价格来反映的。天然气价格与其他任何自由交易的商品或证券一样，会在其生产中的设计价值发生变化时出现波动。购买方与销售方之间关于一种商品的设计价格方面的观点差异将是一种市场的内容之一。价格或市场价值，是市场对产品价值预测的一个反映，也是产品在那个特定时期真正的价格所在（图4.1和图4.2）。

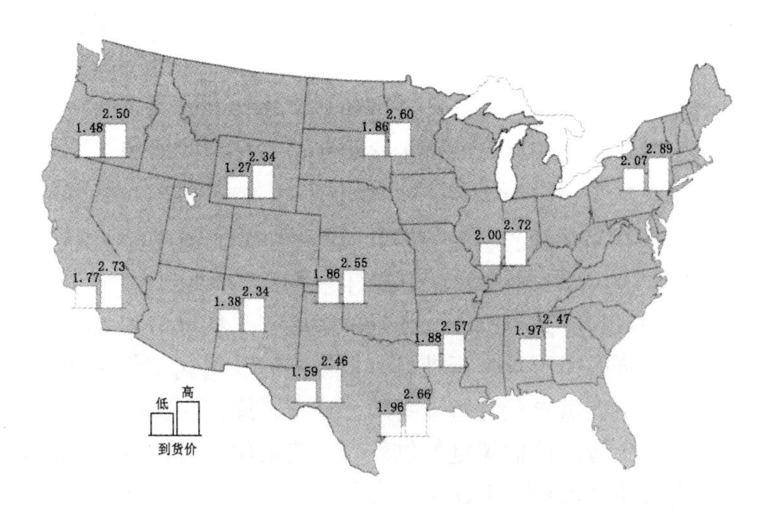

图 4.1　1998 第二季度的天然气价格

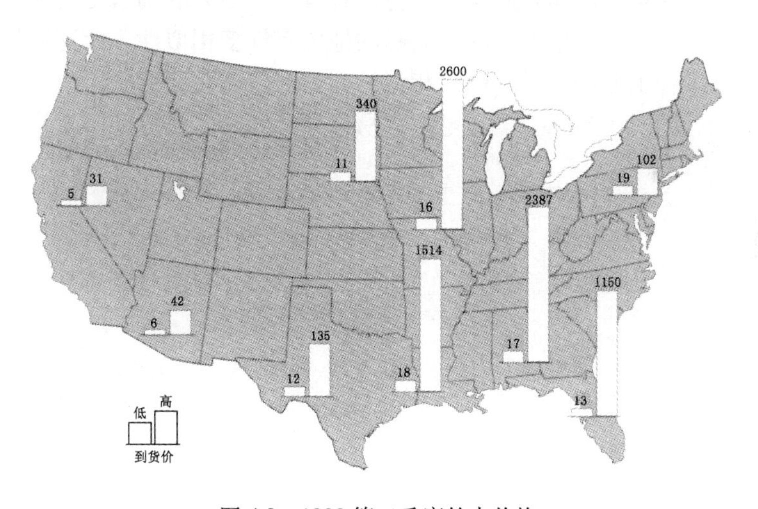

图 4.2　1998 第二季度的电价格

任何一种商品的供需平衡都会随着观念的改变而失去或进入另一种平衡。通过继续寻找供需之间的差距，或者天然气市场参与对价格的预测，交易商们一律将市场推入这种平衡状态。结果，交易公司就会帮助保持一种有序的市场。

天然气的标准价格公式以美元计算，而且会精细到以每天输送量为基准的每 10^6Btu 所需的美分计算的程度。

在以日结算的天然气实际交易中，买卖双方以电话的方式进行主要的交易。电子公告板也可以用于实际交易，可通过第三方操作者创立几个主要的交易地点。天然气交易商们维持与其他一些公司的合同条款，这些公司知道某条特定的管线的天然气交易商。通过这些合同，绝大多数合同会被执行，而且市场信息也会被广泛传播。

虽然天然气每天的市场交易都是活跃的，但天然气的大宗交易往往是在每个月的最后一周完成的。那是天然气工业中众所周知的“交易周”。在那一时期，交易者们将其所需要的天然气进行出售或购买，并以同样的方式处理下一个月的天然气出售量与购买量。天然气的交易按照每天的需求量进行准备，但标准的天然气工业交易则是按一个月的某一时刻的需求量进行准备的。在交易周内，交易的气体体积是生产者们试图出售给他们关键的供气者、终端使用者们准备购买的需求量。而销售公司试图获得上述两者之间分量最重的那一份额。

电力在一个有限的基础上也作为一种商品出售，且所销售的电量正在增加。随着解禁的进行，总有一天电力的销售会与天然气的相同，在天然气与电力之间，商品的地位有许多相似性，而这些相似性又将这两种工业推到了一起。相似的知识与技巧在天然气与电力的交易中是有帮助的。实际上，在电力交易市场上的许多先行者们就是天然气交易商。

5 天然气基础知识

天然气是一种清洁而经济的燃料，广泛应用在美国5800万户家庭和60%以上的制造业工厂中。

在美国，人们所消费的约1/4的天然气是美国国内产出的，是来自美国中部的天然气井。天然气从这些井经过管线输送到全国各地，这种方式已变得十分昂贵。未来必须改为船运，即使用船进行远距离的运输。天然气的价格也低于石油产品的价格，虽然从热值方面来说，天然气要比煤炭昂贵。

美国的天然气消耗在1996年生产了3.18×10^8t的碳排放物（这是最新的官方公布数据），工业部门是其中最大的排放者（大约可占到45%），其余的依次为民用、商用和发电业。如果没有关于减少碳排放物法律的规定，则来自天然气消耗的碳排放物到2010年还可能在上述基础上再增加1×10^8t。到2010年，天然气的消耗将会比其他任何主要燃料的消耗都有更大的增加。天然气在所有领域中的应用都会增加，但通过使用先进的高效组合式循环装置和低价格的燃气轮机，关于发电机的消耗到2010年有望翻番。到了2010年，组合式循环装置发电厂的发电能力可能会比1998年的发电能力高出6倍之多，而燃气轮机的发电能力则可能翻番。

普及天然气的一个因素就在于它的国产能力。与石油不同——它大量地从国外进口，而且美国的绝大部分进口原油常常会受到那些地区政治不稳定因素的影响，而美国所消费的天然气则主要来自美国本国的中部地区。无疑，中东地区的天然气并不能影响美国。

即使天然气的消费已经进入了下一个10年或20年的繁荣时期，美国国产的天然气将依然可以满足美国的需要。80%以上的天然气增长量将来自美国国内的资源，其余的来自进口，主要进口国是加拿大。

天然气开采增长量中的2/3将来自美国本土的48个州的陆上气田，其余的来自阿拉斯加和海上气田。在目前已探明的天然气储量中，大约75%集中在美国本土的48个州的陆上气田。持续的技术进步使得陆上常规的天然气开采更为经济。到2010年，井口天然气价格有望有小幅度的增加，这反映了天然气消费的增加和其对资源的冲击。

5.1 化学优势

天然气的一些优异特性在于其化学组成。天然气主要为甲烷，由 1 个碳原子和 4 个氢原子构成：

$$
\begin{array}{ccc} & H & \\ & | & \\ H- & C & -H \\ & | & \\ & H & \end{array}
$$

正是由于甲烷的这种化学结构，使得其在燃烧时所生成的碳排放物要少于其他化石燃料的。天然气可使燃烧的使用者们能够用相同数量的 Btu 而产生较少量的碳排放物（表 5.1）。

表 5.1　化石燃料发电技术所产生的碳排放物

技术		热率 Btu/（kW·h）	碳 #/MBtu	排放物 #/(MW·h)
燃煤技术	现有能力	10000	57	571
	新的能力	9087	57	519
	先进的煤炭技术	7308	57	418
燃烧天然气技术	常规涡轮机	10600	32	336
	先进的涡轮机	8000	32	253
	现有的天然气蒸汽	10300	32	326
	常规的组合循环	7000	32	222
	先进的组合循环	6350	32	201
	燃料电池	5361	32	170

天然气由从 1 个碳到 4 个碳原子的烃类分子构成。含有 1 个碳原子的气体是甲烷（CH_4），两个碳原子的是乙烷 (C_2H_6)，3 个碳原子的是丙烷 (C_3H_8)，而 4 个碳原子的是丁烷 (C_4H_{10})。上述均为链烷烃类分子。天然气中的这些分子各自所占据的百分比因产自不同的气田而异，但甲烷都是占绝对优势的组分（表 5.2）。许多天然气田产出的几乎为纯甲烷气。丙烷和丁烷燃烧时，所放出热量要高于甲烷的，而且它们常常被从天然气中分离开来分别销售。液化石油气就是用丙烷气制取的。

不起化学反应的组分是天然气中不能燃烧的杂质。常见的杂质为二氧化碳（CO_2），是一种无色无味的气体。由于它不能燃烧，所以天然气中所含的 CO_2 越多，它的价值就越低。在一些储集层中，CO_2 是一种主要的气体。一些几乎纯 CO_2 的大型气田被认为是火山岩与石灰岩进行化学反应而形成的，比如在新墨西哥州、犹他州和科罗拉多州的气田。CO_2 可以被用做不起化学反应的气体注入已经枯竭的油藏中（一种提高采收率的手段）。氮气，也是一种不起化学反应的气体，无色无味，也可以被用做注入油藏的气体。

表 5.2 美国中部天然气的平均烃类组成

甲烷（CH_4）	88%
乙烷 (C_2H_6)	5%
丙烷 (C_3H_8)	2%
丁烷 (C_4H_{10})	1%

氦气（He）是一种被应用于电子制造业和充气飞艇的轻质气体。Panhandle—Hugoton 气田是北美最大的天然气田，是美国拥有的世界上独一无二的独产氦气的气田。Panhandle—Hugoton 气田产出的天然气中含有 0.5% ~ 2% 的氦气，它从天然气中分离而获得。在其他天然气田中，氦气并不常见。

硫化氢（H_2S）是一种既可以与其他天然气组分混合存在，又可以是一种纯的气体存在。硫化氢并不是惰性气体，即使是极低的浓度，它也是具有剧毒的。硫化氢气体发出一种臭鸡蛋的气味，具极低的含量就能被检测出来。硫化氢气体与盐丘一同出现在墨西哥湾、墨西哥（得克萨斯、路易斯安那）的古代碳酸盐礁内。硫化氢气体多见于加拿大艾伯塔省、美国的怀俄明、加利福尼亚和犹他州，以及中东地区。H_2S 极具腐蚀性，当它与天然气混合在一起时，就会引起钻井内金属管材、阀门和许多零件的腐蚀。H_2S 在天然气进行管线输送前必须除去。甜天然气中已不含可被检测到的 H_2S，而酸天然气中含有可被检测到的 H_2S。

5.2 溶 解 气

由于地下储集层中的高压状态，相当多的天然气被溶解在石油中。天然气与石油以一定比例溶解，在地下条件下，1bbl 石油中可以溶解 1ft^3 的天然气（这种体积的测量是在地下条件下完成的）。通常，储集层的压力随埋藏深度的增加而增加，能够被溶解在石油内的天然气量也随着增加。当石油被从钻井内抽提到地表时，压力就会下降，而这种被称为溶解气的天然气就会以气泡的形式析出石油。

一口井产出的气油比（GOR）是该井所产出的每桶原油中所含的天然气立方英尺数（该气体的测量是在地下条件下完成的）。一般地，一口产气井中所具有的 GOR 要大于 15×10^4。产油井中的 GOR 小于 15×10^3。

非伴生气与地下圈闭中的石油无关。非伴生气井中所产出的气体几乎为纯甲烷气。伴生气可以在油层之上的游离气的形式产出，也可以溶解在石油中。除甲烷之外，伴生气中还含有其他的烃类气体。

5.3 凝 析 气

在地下的高温高压条件下，一些烃类在被抽提到地表井口之外且温度下降之前，一直处在气体状态；一旦到达地面，液态凝析油就会从天然气中析出。这种液体称为凝析油，主要为汽油。凝析油又称为套管口汽油，滴液汽油，或者天然汽油。凝析油并不是含有像炼油厂产品那样的高辛烷值的汽油，但炼油厂对其的重视程度与石油不相上下，而且将其在炼油厂的炼塔中与高辛烷值的汽油相混合。含有凝析油的天然气称为“湿气”，而不含凝析油的天然气称为“干气”，当凝析油中的丙烷、丁烷和戊烷能够从天然气中析出时，其产物就叫做液化天然气。

5.4 天然气的测量

天然气体积测量的英制单位为 $\times10^3ft^3$（表 5.3）。

表 5.3　天然气的测量与换算

体 积 单 位	热 量 单 位
1 热量单位	10×10^4Btu
10 热量单位	100×10^4 Btu
1000ft^3	100×10^4 Btu
4 倍 ft^3（1quad）	1×10^{15} Btu
1kJ	948Btu
1ft^3	1026 Btu
1 m^3	35.3ft^3
1 总吨数 LNG	48.7 kft^3

续表

体 积 单 位	热 量 单 位
1bbl 原油	580×10^4Btu
1 磅沥青	12000 Btu
石油 / 煤体积比	天然气体积当量
1bbl 原油	5650 ft^3
1t 沥青	23400 ft^3

立方英尺（cf）是在美国、英国和加拿大天然气工业中常用的体积单位，经常以 1 标准立方英尺（scf）为特定标准。特指在温度 60 ℉和海平面的大气压 (14.7psi) 条件下能够充满 1ft^3 体积的天然气量。

立方米（m^3）是世界各地最常使用的天然气计量单位；液化天然气的测量除外。通常，以公吨（metric tonnes）进行计量。加拿大政府使用千焦耳 (kJ) 热值单位，但更为普遍的热值单位是不列颠热值单位（Btu）。

因为天然气会随着温度与压力的变化而发生膨胀和压缩，所以，测量是在一种被转换为标准条件下进行的——通常为 60°F 和 14.7psi——这也称为“标准立方英尺（scf）”。1000 立方英尺的缩写为 kcf，一百万立方英尺的缩写为 Mcf，十亿立方英尺的缩写为 Gcf，而万亿立方英尺为 Tcf。凝析油的单位为每百万立方英尺天然气中的桶的数量，缩写为 BCPMM。

如前所述，在英国的测量体系中，用于测量燃料的容量单位是英国热当量（Btu——近似于燃烧一根火柴所放出的热当量）。管线天然气的热容量为每立方英尺 900~1200 Btu。热容量随着烃类的组成和天然气内惰性组分的含量而变化。天然气是按照管线内的数千立方英尺的量进行计算销售的，也可以根据天然气燃烧时所放出的热量的 Btu 值销售，或者将两者合并进行销售。在管线输送合同中，可能含有关于 Btu 值评价内容。以 kcf 价格出售的天然气还会以 Btu 值进行评价。作为一种规则，1ft^3 的天然气热容量为 1000Btu 值。

在公制测量系统中，天然气的体积按立方米（m^3）计量。1m^3 天然气相当于 35.315ft^3。热容量的测定单位为 kJ。1kJ 相当于 1Btu。1bbl 原油平均的 Btu 相当于天然气平均 Btu 的 6040，称为当量桶石油 (BOE)。

5.5 利用与发展趋势

在20世纪50年代到80年代后期，发电机成为天然气的第三大主要用户，前两位是工业与民用部门。在80年代后期，发电厂用户滑落为第四位，排在商业用户之后。这种状态一直延续到现在。在80年代，当天然气价格保持平稳时，石油与煤炭的价格却降了下来，因此，煤炭在日益增长的市场上占据了较大的份额，而天然气的消费则保持未变。商业领域中的天然气消耗继续增长，最终超过了发电行业的消耗。

美国的天然气消耗到20世纪90年代平均每年增加1% ~ 2%（表5.4）。1986年的天然气消费降到了16221Tcf，并创下了1972年的22101Tcf以来的低纪录。据官方统计，工业领域是天然气消费增长极快的部门，但工业使用量大增的一个主要原因在于在非公共事业发电中的天然气利用，也被认为是工业消费。在1986—1997年，商业领域对天然气的需求猛增了近40%，其中绝大部分来自发电业。

表5.4 美国的天然气供应与需求 单位：Gcf

年份		1995	1996	1997	1998
生产	得克萨斯	6330	6449	6432	6480
	路易斯安那	5108	5241	5475	5650
	其他州	8068	8061	7939	7940
	总产量	19506	19751	19846	20070
进口	加拿大	2816	2883	2896	2934
	墨西哥	7	14	16	16
	LNG	18	40	78	80
	总进口量	2841	2937	2990	3030
	补充气	110	109	116	120
	损耗	−1137	−679	−919	−900
	由储量提供的天然气	415	2	27	0
	出口	154	153	157	155
	总消费量	21581	21967	21903	22165

官方公共部门对天然气的需求已经无法准确判断（表5.5）。这是天然气与其他燃料竞争极为激烈的领域。公共事业部门对天然气的需求

在 1995 年达到 3.197 Tcf，到 1996 年又降到 2.732 Tcf。到了 1997 年和 1998 年，需求量再次增加。天然气的价格的剧减是 1996 年需求量下降的一个主要因素。到 1997 年，天然气价格甚至高于 1996 年的，但经济的迅猛发展与核电厂输出功率的减少导致了公共事业部门对天然气需求量的大增。

由于价格的竞争与经济的连续增长，公共事业部门和工业部门对天然气的需求有望继续增加。任何一年中的暖冬对于天然气的需求都会有挫伤。在这些年景中，工业增长缓慢，并导致民用领域中对天然气需求的下降。

近年来，由于需求量和平均井口价格都增长了，美国国产天然气量也增加了。天然气国产量在 1972 年达到了高峰——22.65 Tcf，并在 1986 年下降至 16.9 Tcf。从那以后，天然气产量以平均每年 1.5% 的速率增加。在那一时期，天然气消费每年增加了 2.9%。

表 5.5　美国的能源消费趋势　　单位：Tcf

年份	能源消费	石油消费	天然气消费	总油气消费	总能源中的油气含量（%）
1960	44569	20 067	12699	32766	73.5
1965	53343	23242	16097	39339	73.7
1970	67143	29537	22029	51566	76.8
1975	70546	32731	19948	52679	74.7
1980	75955	34202	20394	54596	71.9
1985	73981	30922	17834	48756	65.9
1990	81283	33553	19296	52849	65.0
1995	87205	34663	22163	56826	65.2
1998*	91810	36760	22760	59520	64.8

* 为预算。

天然气的进口在其消费量中占据很大的比例。天然气的进口主要来自加拿大，并有所增加。墨西哥也为美国提供了少量的天然气进口。然而，美国的天然气需求的主要部分由国产气所提供。

在未来，为发电提供天然气有望成为天然气工业中更为重要的部分。美国能源信息管理部门计划，到 2010 年，发电业将成为天然气消费的第二大用户，用于发电的天然气消费将达 12.2 Tcf，是 1996 年消费水平的4倍（图5.1和图5.2）。

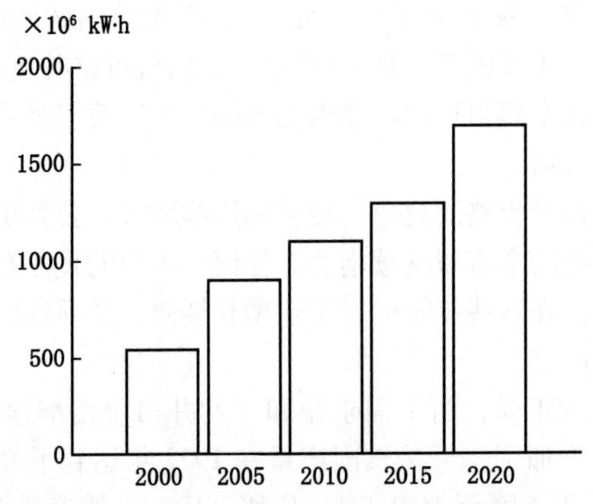

图5.1 设计的2000—2020年天然气发电能力

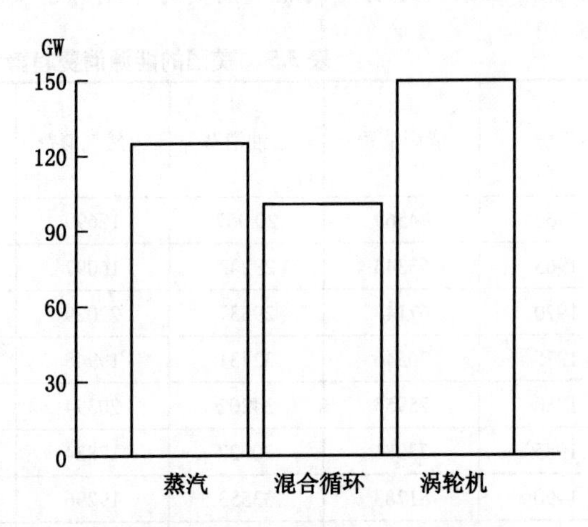

图5.2 设计的2010年天然气发电能力

发电站通过对一些项目的设计或通过签订长期合同而对天然气管线能力表现出更大的兴趣。在两大市场共同的优点出现时将天然气与电力公司合并就会实现。发电站也可能增加它们对天然气资源的占有量或者与天然气生产者们签订长期的合作合同，以降低天然气价格。

6 发电的历史

虽然人类与电已经打了数百年的交道，但发电业的历史则不到 100 年。电力工业的早期历史是以有发明创造的思想和企业家们作为特征的。一项发明会引领着一项又一项的发明创造出现，而且很快，这些开辟了通往电气化国家道路的发明者们，就成为一些集团化公司的领军人物——这些公司的名气是十分响亮的，尤其是乔治·威斯汀豪斯 (Westinghouse) 与汤姆斯·爱迪生。

早在 1800 年，Alessandro Volta 发明了电池，即众所周知的的伏特电池，这种电池为当时的科学家们在自己的实验室中第一次提供了连续的电源。1808 年，英国人 Humphrey Davy 在两根碳棒之间利用电池发出的电流产生了一道电光。1831 年，Mchael Faraday 发明了动力机，在由蒸汽带动旋转时，它可产生电流。

这些与新能源有关的早期发明帮助发明家们创造了以前从来没有想象过的新型机器，这些机器导致了工业革命与自动化工业的进步，并使美国有了电灯。

美国的电气化是以爱迪生在 1878 年发明的电灯泡而开始的（图 6.1）。同年，他成立了爱迪生电灯公司，从事发电、输电和配电工作。

图 6.1 汤姆斯·爱迪生

1882年，爱迪生创立了美国第一个由发明者拥有的电力部门——珍珠街电站，这是一个可以在1mile^{2}范围内供7200个白炽灯照明的直流电(DC)系统。

当爱迪生在纽约获得成功后不久，又一家用自己发电系统的企业开张了。乔治·威斯汀豪斯（图6.2）利用Nikola Tesla的发明，创办了一家交流电(AC)系统，这可以比爱迪生的直流电的输送距离远得多（爱迪生的直流电仅可以一个方向流动）。交流电又一些电流循环构成，每秒的电流循环就是电流的频率。今天的电力主要部分是交流电，虽然电池还是直流电的形式。

图6.2　乔治·威斯汀豪斯

威斯汀豪斯于1886年成立了威斯汀豪斯电力公司，并开始出售交流电系统，与爱迪生的直流电系统展开了直接的竞争。爱迪生支持自己的直流电技术，认为交流电比直流电危险得多（其实两者都是危险的）。

6.1　交流电和直流电

交流电在输送方面具有很大的优势。直流电的输送距离仅有约1mile，而交流电则可允许威斯汀豪斯电力公司在燃料来源的地方设立发电站并进行远程输电。

但交流电系统的发展并不能解决所有电力输送的问题。直流电与交流电两套系统无法连接在一起，而且电力系统常常会因不同类型的马达而使广大用户也不得不使用不同的系统。绝大多数电力系统需要两套输电电线才能将交流电与直流电结合起来。

威斯汀豪斯电力公司通过发展一套电力系统而提出了解决办法，通过此法，可在中央发电站处设一台多相交流发电机发出电来。多相交流发电机通常具有三相，可以用这三相发出平稳的电流。小汽车里的交流发电机产生直流电源，但实际上，这是一个具有二极管整流器的30V交流电装置送出了小汽车电池所需的直流电。在威斯汀豪斯电力公司的新系统中，电流被输往一个次级电站，就像一台交流（同步）发电机，按照用户的需求将电流规范化以后输出。尼亚拉瓜中心发电站计划因这套系统而得名。

1883年，威斯汀豪斯电力公司赢得为在芝加哥、哥伦比亚的迅速扩张进行照明服务的合同，当时正召开世界商品交易会，他向公众展示了电发出的白炽光。这是世界上第一次交流电的大规模展示。

然而，即使到了1900年，美国境内也仅有极少数城市道路使用了电力照明，在15个城市家庭中，还不到一个用上了电，而且这些家庭中仅仅用电来照明。只有3%的工厂用上了电动机。虽然在一些著名的先行者如Frederick Maytag和George Hughes等的率领下，到1910年已经使用了电动洗衣机和电炉，但在20世纪20年代之前，电力设备并没有普及。

而且，电还是一种高科技商品，它吸引了当时传媒与公众的大量关注。汤姆斯·爱迪生——绰号为“Menlo公园的奇才”——因他的3条电线的白炽灯照明系统而得名。在当时，他享受到了成功带来的极大喜悦。

6.2 国家电气化

美国城市电气化的费用主要由一些大公司来承担。电气化是相当昂贵的。投资者们需要修建发电厂，搭建数英里长的输电线路与配电线路，并雇佣大批工作人员以维持系统的运转。每个房间在居民入住之前都必须布好用电线路。

Samuel Insull受雇于爱迪生，为芝加哥爱迪生电灯公司工作，他发现电力公司在建发电厂和输电装置方面花费巨大，然而，运行费用——与燃料有关的费用则是相当低的。他还发现，可以通过为用户们增加一套系统而获得更多的收入。他大幅度地削减电费并积极推进电力市场化，以供给更多的用户的方式使发电赢利。当时，许多电力公司放弃了电灯泡和电熨斗，以图将更多的用户吸引到自己的系统中来。他们通过已知的经济效益寻求利润。

Insull 发现可以从一个经济效益获得另一种利益：发电厂使用的时间越长，其效益因素就越高。效率为用户们产生了较高的利润并降低了每千瓦时（kW·h）的费用。而且，公共部门用分离开发电的形式来适应各种用户的需求，比如在白天为工业输电，而晚上为民用输电，或者在早晚为路灯送电。Insull 是基本负荷发电厂观念的开创者，这种发电厂满足了本系统内所有的基本电力需求，同时还有一部分电力储备以备需求高峰时所需。

Insull 还提出小型公共设施的州际立法理念，以建立起投票权的界限并设定价格。这种观点也被接受了。到 1916 年，48 个州中的 33 个州拥有公共设施委员会，同意这些公共设施部门拥有独一无二的权力在某一区域内运营，以获得现有的和未来的用户的合同。从那以后，规范化的公共部门，即所谓的“天然气垄断者”，就成为主要的服务的提供者了，虽然指导工业的立法在过去已被改变了。

6.2.1 PUHCA（《公共事业控股公司法》）

由于变得极为普及，公众对电气化的需求十分强烈。随着国民需求的增长，公共事业部门开始介入并进入了一些主要的大型联合企业。到 1930 年，只剩为数很少的电力公共部门了。对此，美国国会于 1955 年制定了《公共事业控股公司法》，将联合企业分化为按照特殊地理区域划分的小型企业。

出现了 4 种类型的电力公共事业部门：

（1）投资者自己拥有的电力公共事业部门，由私人投资者资助，为零售与批发的用户们出售电力；

（2）多方拥有的电力公共事业部门，由其操纵的多个部门联合资助；

（3）联邦拥有的电力公共事业部门，可以在联邦所拥有的水电项目中进行发电；

（4）会员拥有的乡间电力合作组织，为其会员提供电力。

对于接下来的几个 10 年而言，随着公共事业部门的扩大，更加有效的发电设施、与发电厂相连接的大功率的输电线路，以及为扩张用户提供配电服务的系统等的发展，电的价格会下降。1973 年的阿拉伯石油危机触发了一次可怕的商业倒退。这一事件发生时，也正值一些大型发电厂的经济效益达到其极限，所以就带来了 1974—1981 年间的降价与能源利用低效率的一种循环，当时，居民的平均用电价格翻番。使得用户之间的看法发生了改变。用户团体与大型工业用户们向这种增加提出了挑战。环境保护主义者发起了反对新建发电厂和输送电线的活动。

1979 年 4 月在宾夕法尼亚州发生了三里岛核电站泄露事件及一些新核电站的停建，这使得人们对一度认为核电技术有朝一日会成为便宜得无需考虑就可大力推广的想法发生了动摇。

6.2.2 PURPA（《公共事业管制政策法》）

为了避免对新建电站的需求，人们采取了一种减少电力系统中高峰需求的方式。1978 年的 PURPA 由联邦政府提出并实施了，用来支持能源保护并鼓励工业用户们去自己发电。该法令还倡导使用可再生能源，比如水、太阳能和风能。

PURPA 还要求电力部门购买由工业用户生产的额外电力和来自可再生能源所发出的电力。结果，诞生了一个全新的发电部门——非公共事业部门的发电厂，这样，就为电力工业的竞争又打开了一扇门户。

很不幸，在购买这些转型的电力时，PURPA 人为地为公共事业部门强加了一些高价，比如南加利福尼亚的爱迪生公司就不得不为太阳能付费 15 美分 /（kW·h）即使当时的电力批发市场上的电价仅为 2 ～ 3 美分。降低燃料价格，加强开发小型的、更高效的天然气发电等措施就有可能使独立的电力生产者（IPP）去资助一些新电厂并生产出比已建设的公共部门更为经济的电力来。

6.3 电力批发市场

电力批发市场于 1992 年开放，引发了为 430 亿美元的电力市场份额的激烈争夺（目前的市场份额已经超过 500 亿美元）。FERC 预计市场的完全开放将每年为电力用户节约 38 亿～ 54 亿美元。虽然用户们可以获利，但公共部门担心会失去已经存在的电力系统基础设施的责任。新的竞争并不包括价格方面对基础设施的投资，所以它们可能会为公共事业部门降低价格。

这些费用——被称为“标准费用”是目前正在进行的解禁过程中辩

论的主题。基础设施在由政府所制定的法律和规章制度的约束下变得十分敏感，当时它们被购买，而现在已经被不计经济效益地推向自由市场。一个大问题是—谁将为这些“资产”付费以及如何估算它们的价值？

今天，资产达2000亿美元的美国电力工业被认为是这个国家最大的工业。美国有3000多家电力部门，绝大多数是公共事业部门。美国有2000多家公共电力部门，它们所发出的电力占全国电力的14%。投资者拥有的公共部门（IOU）的数量近200多个，发电量却占到全国总电力的76%。其余2%的电量来自6个联邦公共事业部门。还有众多的公共事业部门，但它们的规模都比IOU小，它们生产的电力在全国总发电量中所占的比例很小。

煤炭是传统发电厂中使用得最多的燃料，虽然在过去的几年中这种情况已经有所改变。天然气是20世纪90年代（和90年代之后）的燃料，至少在美国如此。天然气燃料已经得到普及，因为它的价格合理且可实现清洁燃烧。

以煤炭为燃料发电在美国占到40%以上，总装机容量达300000MW以上。以天然气为燃料的发电厂已经攀升到20%，总发电容量以达150000MW，并在继续增加。几乎所有的正在设计中或建设中的发电厂都是以天然气为燃料的。传统的天然气公司正在扩展成为发电厂，它们重新认识对巨大的能源类商品——天然气和电力投资的潜力。两者都可作为商品进行交易，而且拥有它们的一家公司将会从中获得最大利润。天然气发电厂已经在所有发电技术中独占鳌头（详见第5章）。

核电为美国提供了100000MW的电量，约占总电量的14%，但核电在市场上占有的份额在未来将会下滑。现在无任何在建核电站，而且以前所建的核电站也正在开始退役。美国的发电站以石油为燃料的还不到10%。

在美国，水利发电量高于20000MW，约占总发电量的3%。其他一些可再生能源，如风能和太阳能发电量约为80000MW。可再生能源是非常清洁的，但与已在美国发电厂中占主导地位的化石燃料相比，又是非常昂贵的。随着技术的进步，这些可再生能源的价格正在下降，使用它们的发电厂正在迅速地成为更强有力的竞争对手。

对于电力工业而言，目前是一个令人激动的时期。解禁活动将会影响工业的所有方面，从各种燃料与技术的普及，并推向市场和公共事业部门。电力部门的一些基本分支可能并没有太大的改变，但它们的关系和所有权都将可能会受到极大的影响。在美国国内运营的公共事业部门的数量有可能会波动——一些戏剧性的波动。但是我们的社会与电有着极为密切的关系，从早晨的咖啡加热到工作中使用的计算机。所以，不能对电力工业的这种改变不闻不问，电力工业的交易将会继续，而且，基本的工业要素也将保留下来。

电力工业几乎毫无进展，从企业和一些不受法律限制的商业所开创的一个开放的领域发展为一个完全垄断、受政府法律规范的工业，到目前一种处于解禁边缘的商品——它将再次成为企业和一些不受法律限制的商业开放的一个领域。今天的公共事业部门正在为开放市场做着积极的准备，而且，一些不受法律规范的企业已经成为开放的市场的一部分。随着这种循环的完成，天然气将成为推进该工业发生热力学转变的动力，而这种变革正在成为人们关注的焦点。

附件　影响电力历史的主要法规

本附件绝不可能包罗万象，它只是简单概述了一些主要的法规。这些法规确立并维护着管理环境，供公用事业服务长期遵守。正是因为对这一法规网络的解禁，才造成了今天的竞争局面。

1933 年的《田纳西流域管理局法》

本法令规定，联邦政府要为各州、各城镇、各自治市和非赢利性合作团体提供电力服务。联邦有权将航海、水灾控制、战略物资用于国防、电力，以缓解失业和提高农村地区生活水平。该法案也适用于生产、运输和销售电力方面。

1935 年的《公共事业控股公司法》（PUHCA）

制定该法令是为了打破分解那些控制国家电力和天然气分布网络的垄断企业。该法令规定证券和交易委员会有权解散垄断企业，并对重组行业进行管制，防止新的垄断形成。该法案最近得到修改。因为很多人认为该法案的规定不利于高效电力市场的发展。

1935 年的《联邦电力法》（PUHCA 的第 II 章节）

该法令与 PUHCA 同时获得通过。该法令的通过是按照“宪法的商业条款要求”针对联邦机制和州与州之间的电力管理而提出的。在此之前，电力生产、输送与配电的交易几乎总是在各州内进行的。

1936 年的《农村电气化法》

该法令规定成立了“农村电气化局（PEA)”，向为农村地区和人口少于 2500 人的城镇提供电力的组织机构提供贷款和帮助。

REA 合作通常表现为州政府法律下成立的协作公司的形式。

该法令的原始文件为 1935 年的《紧急解除拨款法》(*Emergency Relief Appropriations Act*)，该法令行使着相似的功能。

1937 年的《邦纳维尔项目法》

该法令建立了邦纳维尔电力管理局 (BPA)，它是联邦电力市场管理局的前身。BPA 为 1953 年西北部地区联邦水坝发电的输电与销售负责，BPA 第一次为小型能源设备的建设与由公共事业部门的行政区的结合提供担保。

1944 年的《水灾控制法》

该法令成为后来在 1950 年诞生的东南部电力管理局打下了基础。该部门出售由位于美国东南部的军方工程公司发出的电力；同时，也为于 1976 年成立的阿拉斯加电力管理局奠定了基础。该局负责阿拉斯加两座水电站的运行与市场销售。虽然，东南部的电力管理局在二战后期诞生于 1944 年的洪水控制法，但它是利用唯一的紧急战争电力管理方式而成立的，以便满足日益增长的因武器开发和国内需要而对电力的需求。

1974 年的《能源供应与环境协调法》(ESECA)

该法令允许联邦政府禁止电力部门用天然气或石油产品作为燃料。

1977 年的《能源部组织法》

除了能源部的建立之外，该法令还为西部地区电力管理局 (WAPA) 的建立和所移交的电力市场负责，以及原先由垦荒局移交给 WAPA 的对运输负责等方面确定了权力。WAPA 的权力通过 1984 年的 Hoover 发电厂法而得以扩大。该法令还将其他 4 种关于发电厂的市场营销管理权从内政部移交给能源部。

1978年的《公共事业管制政策法》

PURPA是20世纪70年代后期的不稳定的能源供给时期通过的。PURPA试图对电力能源保护进行控制。此外，PURPA建立了一套新的关于非公共事业部门发电厂和小型电厂的分类系统，据此，公共事业部门与热电联供的结合就需要去购买电力。

1978年的《能源税法》(ETA)

该法令与PURPA相同，也是在20世纪70年代不稳定的能源大环境下被通过的。ETA鼓励锅炉使用煤炭的转型，以及对热电联供装置的投资，并通过允许在投资税收信用方面收税，对太阳能与风能技术进行投资。后来，这一法令的范围扩大到了一些补充技术方面。然而，这些激励政策被缩水了，由此导致了80年代中期的《税收改革法》的出台。

1978年的《国家节能政策法》

该法令要求公共事业部门为居民用户免税提供保护性服务，以鼓励减缓电力需求的增长速度。

1978年的《发电厂与工业燃料使用法》

该法令为1974年的《能源供应与环境协调法》和扩展的联邦禁令的延续。

1990年的《清洁空气法修正案》(CAAA)

这些修正案建立了一种新型的发散—收敛程序。该法令的目标是将1980年的每年向大气层排放的1000×10^4t硫化物和200×10^4t氮化物的污染大大减少，包括对所有人造污染源的控制。电力生产者们为硫化物与氮氧化物排放负有极大的责任。在CAAA之下，该程序使用了以市场为基础的方式，以求减少硫氧化物的排放，同时也依靠一些更为传统的方法来减少氮氧化物的排放。

1992年的《能源政策法》(EPACT)

该法令建立了一种新型的电力生产者的分类体系，这是一个批发发电者的例子，该法令将PUHCA对发展非公共事业部门的发电的障碍排除了。该法令还允许联邦能源管制委员会为大规模供应者开放电力输送系统。

7 解禁措施

在美国，电力工业由传统的电力公共事业部门构成——包括电力市场与非公共事业部门的电力生产者们。传统的电力公共事业部门由投资者们拥有的、公共所属的、合作的和联邦政府所有的几大板块构成。它们往往纵向上联合成为公司，提供发电、输电以及其他在所设计的范围内的、为全体用户提供能源方面服务。美国大约有 3200 家电力公共部门，虽然这一数量处于一种不断变化的状态，这是由工业重组所带来的史无前例的合并所致。

传统的公共事业部门正在经历一个严肃的、对这种工业重组中商业目标重新思考的过程。投资者所拥有的 IOU 必须决定他们是否依然从事与发电有关的商务活动，还是集中精力于电力的输送与配电的运营。公共事业部门正在与它们将要面对的开放的市场上的竞争极力抗争，对手是那些重量级的 IOU，后者以前由于拥有受保护的服务范围而从来没有受到过竞争的威胁。联邦电力管理部门正在商讨一些所有权的归属项目。作为联邦的实体，问题在于它们将如何与那些私人企业展开竞争。农村地区的联合正在为确定和保留它们在电力市场上适当的地位而努力工作着。

一些公众拥有的公共事业部门是相对庞大的。田纳西山谷管理局、Bonneville 电力管理局和西部地区电力管理局（WAPA）等三家联邦机构共同拥有或经营着美国水利发电量的 40% 以上。Bonneville 电力管理局和 WAPA 加上东西部和西南部电力管理局经营着由美国军方工程师公司和内政部的开垦局所生产的电力。由于长期的资产贬值和低价运行，联邦水电厂发电费用极低。关于这些联邦拥有的电力公司的企业秘密，本文不予考虑。

美国的州所拥有的和市政所属的公共事业部门以及一些联合体只为他们自己的团体分配电力，由于它们绝大多数的发电规模太小，所以在电力市场上难以买到。对于绝大多数市政公共事业部门而言，其购买的电力可占到市场上总资产的近 70%。这些机构更喜欢购买那种便宜的联邦水电，而只有市政机构不需要的时候，IOU 才有可能购买此类电力。

公众所拥有的电力公司拥有削减价格的通道。这些市政部门拥有能够为提高价格而颁布免除税款公告的权力。

在公众拥有的和私人拥有的公共事业部门之间存在着一个差价。公共公司所出售的电力价格要比 IOU 的平均便宜 16% ~ 20%。有一个值得考虑的争论——这个差价是否可以完全被认为是因公共公司拥有低价的水电资源和免税政策所致，或者这种差价是否可以表征不同方在效率方面的差别。这些争论必须被强调为解禁的继续工作内容。

电力市场经销商们仅仅购买和出售电力，他们通常并不拥有或运营发电厂、电力输送或者配电设施。而且，他们常常被认为是“电力部门”。比如在 1998 年 7 月，557 家独立的企业部门就接受了他们的免税要求，将电力从 FERC 批发出售。这些包括 337 位独立的电力经销商、91 位会员制的电力经销商、32 位会员制的电力生产者、73 位以市场为基础价格的投资人拥有的电力部门，以及 24 个以市场为基础价格的其他部门。

近年来，以批发形式销售的电量已呈直线上升趋势。在 1996—1997 年，由 10 位顶级的市场经销公司所出售的天然气总量已经增长了 17.7%，在同一时间段内，还是这家经销公司的电力销售量就增加了 340%。与 1997 年全年和 1998 年的第一季度所销售的批发电量几乎相等。

近 2000 家非公共事业部门的发电厂家也正重新审视在解禁过程中它们的地位。许多此类部门是在 PURPA 框架下组建的，这就需要一些常规的部门以这些部门的“规避价格”（这应该相当于发电厂生产电量的成本价）去购买非公共事业部门所生产的电力。在一些情况下，这是一种美好的设想，为投资者们提供了一个颇具吸引力的机会。在今天的电力市场上，电力批发价格可以达到 2 ~ 3 美分 / (kW·h)，如果在开放的市场上销售，许多非公共事业部门所生产的电力将不具竞争力。认识到这一点，公共事业部门正在收购那些已经与那些非公共事业部门所签订的合同，认为它们将会通过减少未来的发电费用而补偿这种收购。

7.1 电力价格与电力增长

到 2020 年，零售的电价格将会以每年 1% 递减，原因在于竞争更趋激烈和电力生产费用的降低。自 1982 年以来，发电费用以每年 1.8%

的速度下降，而且有望以一个较低的速率继续下降。发电费用的下降归因于发电厂的效率提高、需求量增加、各类所需费用下降以及相关的工作人员的减少等因素。1982 年，燃煤发电厂的工作人员为 250 人 /GW；到了 1995 年，这一数量就下跌至 200 人 /GW。同样，以天然气为燃料的发电厂的工作人员从 1982 年的 138 人 /GW 下降到 1995 年的 100 人 /GW。

到 2020 年，民用电价有望下降 19%，商用电价下降 21%，而工业电价下降 24%。这些预测中的降价假设了在电力工业中的激烈竞争，与那些出现在当今众多市场上的趋势相反，届时，工业用户们可以获得大于民用与商业用户们更大的降价电。

随着发电者与热电联供者们努力调整市场结构，这两者也将共同面对需求量缓慢增长的现实。从历史来看，需求量与经济的增长相关。这种积极的关系将继续，但其比例的大小则是不能肯定的。20 世纪 60 年代，电力需求每年增长 7%——几乎是同期经济增长的 2 倍。然而，在 70 年代和 80 年代，电力需求增长率与经济增长率分别下降到 1.5% 和 1.0%。这一变化由多种原因所致：电力设备的市场饱和，发电设备效率的提高，公共事业部门对需求一方的管理工作的投资，以及关于更加严格的关于设备标准法律条款的出台等。出于相同的原因，还可能会出现增长率的继续下降。

由电力供应者们所支付的天然气价格每年以 0.7% 的速率增长，将从 1996 年的 2.7 美元 / kft^3 会增长到 2020 年的 3.22 美元 / kft^3。以天然气为燃料的发电预计会增加 376%。从 4620×10^8kW·h 增加到 15830×10^8kW·h。对于这些增长的抵消是降低煤炭的价格，减少主要开支，并提高新建发电厂的发电效率。由公共事业部门所支付的石油价格预算会增长 29%。这样一来，到 2020 年以石油为燃料的发电量就有望减少 56% 以上。

正在改变的用户市场可能会对在这些项目所看到的电力需求增长减缓起到弥补的作用。新型电力设备被频频投入市场。没有人能够预见家用计算机、传真机、复印机以及所有的文秘系统（这些都以电为动力）的增加。如果新的电器设施的使用要比目前期望的更加落实，就能为未来的电力效益方面提供部分补偿。

到 2020 年，美国每户家庭用电预计将提高 1%，居民用电量将会以每年 1.5% 的速率增长。虽然许多地区目前已经负基数增长，但是在居民用电的增加将会导致更大的用电高峰。在 1996—2020 年，燃气轮机与内燃机的发电量预计会增加 3 倍。

到 2020 年，商业与工业用电量将分别会以每年 1.2% 和 1.3% 的速率增加。每年的商业底线空间用电增长率为 0.8%，而工业领域会以 1.9% 增长的输出功率来推动这一增长的。

除了这些区域性电力销售之外，在 1996 年，热电联供机组也生产了 1490kW·h 电量供其在工业与商业领域使用，比如石油炼制与纸张生产。到 2020 年，随着对制造业产品需求的增加，这些电力生产者们有望保持相同的总发电量能力，将其使用的发电量增至 1650kW·h。

7.2 电力工业的重组

在美国，迄今依然受到政府控制的电力工业正在进行重组，进入一个竞争的市场机制下的运行状态。正在改变的状况是由大型电力用户和来自联邦与州政府的规章制度所导致的。在摆脱其传统的垄断地位时，电力工业正在以多种方式改变其在天然气、航空、卡车运输以及长途电话公司中所扮演的角色。在美国，电力工业部门将因更加激烈的竞争而联合（图 7.1 和图 7.2）。

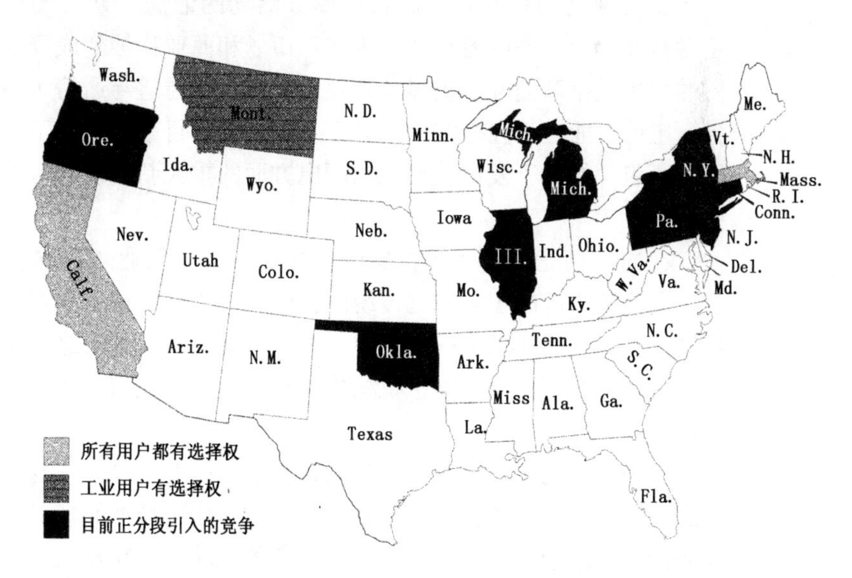

图 7.1　1998 年的美国电力市场

随着电力工业分化成为一些非联邦式服务的集团，在它们中间就发生了意义深远的合并。发电将在竞争中首当其冲。新的弄潮儿们也在加

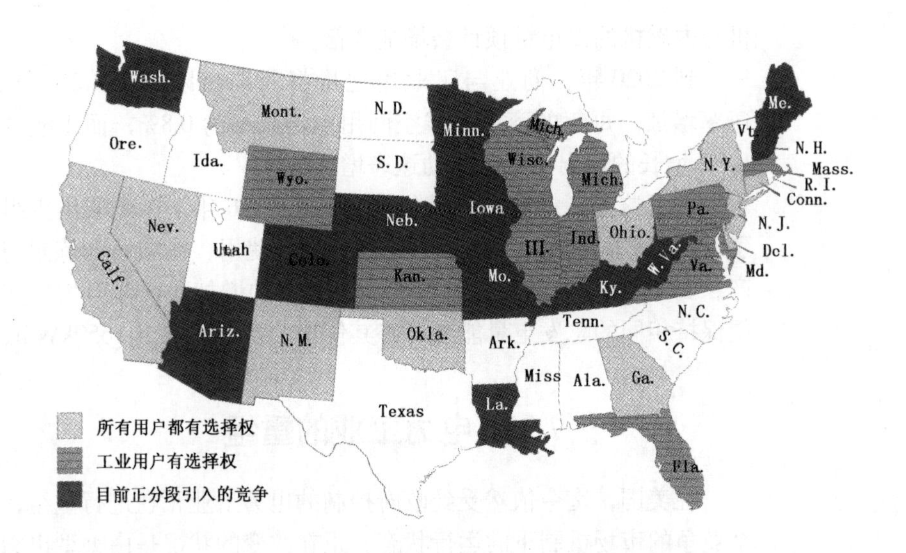

图 7.2　1998 年的美国天然气市场

入这一行业中。市场营销、交易活动和风险管理等都将在发展中的电力工业以及所需要的贸易和广告机构中起到更大的作用。

意义深远的合并就是跨行业商务活动的证据。天然气与电力工业正融合在一起，将两者相似的机构、市场和商业特征变成资本。随着成熟的市场经销商们开发出多条新颖的输送电力通道与通信产品并提供服务，电信工业也正在被溶入电力工业的范畴。目前，电力工业中的持续发展所包含的关于发电、输电和配电方面的重大新闻已经远远超出了前些年。

在向一种竞争的市场机制的转化中，电力商业是美国现存的最大的、受法律规范的工业。它传统的、纵向的联合结构至少在功能上能够将其分为三个组成部分——发电、输电和配电。关于对这种转化的建议与争议正在联邦与州的立法机构中得到重视，并在州立法听证会上进行讨论。

电力工业的法律条款是复杂的，在很大程度上是因其与州与联邦政府之间的规章与立法权力的不和所致。与其他市场上的情况一样，州之间的经济服从于联邦法律，而州内的商务活动也处在州的管辖之下。每个州都有监督所有受法律约束工业的立法委员会。一些联邦所属的实体强调州内的交易。FERC 是电力工业的主要联邦机构。

电力工业与联邦赛马场之间的区别是十分复杂的，因为电的交换是经常发生的，这是不受任何单独实体控制的，这就形成了完整的交流电力网络系统。总体来看，这些交易包括用于在电网系统内销售而生产的电力价格、输电服务的价格以及输电通路的法律规章，都是FERC的负责的。事实上，它们自始至终地出现在相同的州内，并且与整个电网系统有关。实际上，FERC为美国国内约65%的输电网络制定规章，因为它只对投资者拥有的那部分电力拥有司法权，FERC对剩余部分的控制权是有限的。

FERC对州际间的交易中的电力销售与输电价格一直拥有立法权，这是通过使用以往的输电或发电资产来进行价格叠加方案进行的。这些价格是按照要求一个“良好”的回报比例而计算的。直到公共事业部门适应了一种税率增加（从理论上讲，或者是一种减少）计划实施之前，这些价格会保持不变。

立法的区别在于因输电与配电之间的工业区别变得更加复杂了。配电工业的资金受州司法部门的控制，但在许多实例中，是很难完全区别哪一条线路是输电线路还是配电线路。一般讲，长距离输送的高压线是输电线，而那些在短距离里输电的低压电线是将电输往终端用户的，这是配电线路。然而，相同电压的两条电线可以具有不同的用途。联邦与州的一些部门之间的电线在这里会变得模糊起来。也有几个例外，FERC对于包括输电网络的交易拥有司法权。

输电市场拥有150多个能源控制中心，它们负责电力系统与它们所属的区域内输电线网的平稳运行。这些控制中心为与其相连的其他控制区域之间的发电与电力交换列出了运行表。下一步是20个发电联营体——在这些公共事业部门之间正式签署了合同——进行部门或全部的联合，以提高其经济能力。典型地，这些电力联营体共同执行共同的时间表，执行发电单元的中央调度，并协调帮助后加入的发电机构。

在北美还有10个区域性委员会。它们是北美电力可信度委员会（NERC）的成员，这是一个非赢利性组织，旨在提高电力供应的可信度（图7.3）。

美国与加拿大的NERC区域包括：

（1）中东部区域可信度协调协议(ECAR)；

（2）得克萨斯电力可信度协调协议（ERCOT）；

（3）中大西洋区域理事会（MAAC）；

（4）中美洲内连接的网络（MAIN）；

（5）中大陆地区电力联营体(MAPP)；

图 7.3 美国与加拿大的 NERC 区域

（6）东北部电力协调理事会 (NPCC)；

（7）东南部地区电力协调理事会 (SERC)；

（8）西南部地区电力联营体 (SPP)；

（9）西部系统协调理事会 (WSCC)；

（10）阿拉斯加协调理事会 (ASCC)。

在一些情况下，申诉与立法等举措正在推动着联邦与州改变目前的发展潮流。工业用户们要选择适合它们需求并经济实惠的、可信度高且高效的电力提供者。公共事业部门的用户们看到了邻近州之间的电价差别（如加利福尼亚州和东北部的一些州之间的差别），这些用户促进着竞争并试图降低税收。事实上，加利福尼亚州、纽约以及新英格兰州的大部分地区于 1998 年开放了它们的部分零售市场。

独立的电力生产者们希望扩展一种不受限制的市场并从中获得更大利益。立法者们正在实验一些法律的转换形式，因为一些团体相信传统的、以立法形式确定的一个公共事业部门所返回的税金并不包含足以鼓励该部门高效运转的激励。众多公共事业部门对这些法律条款不满，因此这些条款为非公共事业部门的电力生产厂家们提供了竞争机遇并限制了一些公司的活动。

转变开始于1996年颁布的FERC第888和889条法令，它们鼓励电力批发业竞争。第888条法令强调的是开放输送电网和标准价格。第889条法令要求公共事业部门建立电力系统，以分享关于输送电力能力的信息。实际上，许多州会遵循或者调查研究关于解禁的条令以及各种形式的零售竞争法律。对于电力重建的法律建议已经被引入美国众议院和参议院，虽然在1998年中期，还没有人能够接受国会的提议或者将解禁的内容写入法律。

一些争论内容，比如进退两难的价格的恢复、资产的剥夺、大量增加的合并、可再生能源的激励、能源效率的投资、可信度，以及零售竞争的实施时间表等等，都是关键，因为在这影响国家的经济与社会稳定的因素中，电力占有举足轻重的分量。

随着横向竞争，IOU正在削减其雇员并重组其所属的公司，以降低费用。IOU通过改良其燃料装置降低燃料价格，并取得了进展。他们正在买下一些较为陈旧的、更为昂贵的燃料合同，并在“货到付款”的市场上购买便宜的煤炭来做燃料。在过去的10年中，电力工业购买量的增长已经为一些公共事业部门降低成本做出了贡献。另一方面，非公共事业部门运营和维持的费用已保持稳定，这表明在降价过程中的一些举措已经生效，但也证明还需要采取更多的措施。

一些最大的IOU正在扩大它们在能源界服务公司方面的投资；投资领域还包括石油天然气勘探、开发与生产，在国外的投资，以及最近在电讯方面的投资。在电力工业中，也为合并，获取和财产的剥夺等提供了契机。

发电业中的资产重组也正在迅速展开。“分配”一词正在电力工业中以令人吃惊的频率被使用着，以历史的眼光来看，电力工业正在勇敢地保护着它的财产。对电力市场更趋竞争性的期望推动这种财产的剥夺，这就需要淘汰——或者至少是减少市场的优势度——仅保留少数几家大型公司。一些工业专家已经预言，在未来的2 ~ 3年中，发电厂的电力交易量将达1000亿美元。

当然，这种趋势并没有终止电力公共事业部门的卷入。在当今一些拍卖中，一些最为活跃的出价者就是一些电力公共事业部门。电力工业正在经历分化——一些公司试图减少在发电业的投入，而另一些公司则正积极进入该行业，后者拥有进入电力行业的经济来源。购买者们必须根据新合并循环发电的价格来衡量其购买的决心——发电价平均达500 ~ 600美元/kW。

一些专家预测美国正在向着一种新的结构发展——在这个结构框架下，发电主要集中在50家大型公司。在这种情况下，输电可能会被10家大型区域性公司所垄断，在每个输送区域中，这些公司拥有3～5个发电厂。此外，财产的剥夺与资产的出售有助于确定一项资产的市场价值，这可以用于建立一种困境中价格的标准。

7.3 套牢成本

套牢成本是许多工业集团关心的主要问题，对电力部门而言，尤其如此。这些成本是由公共事业部门承受着，是用于为其用户们提供服务的，但若用户们选择了其他电力供应商，则不能享受这些服务。预计这些设计中的套牢成本从较低的100亿～200亿美元到较高的5000亿美元。这些公共事业部门正在寻找一些方式去减少这些成本，而且，立法部门也正在评价谁将为此付款。

套牢成本的颁布将强有力地影响美国处于竞争状态下的电力市场的发展。竞争将可能把许多区域的电价降下来，但是，据能源信息管理局（EIA）报道，如果州的管理者们命令将全部这些套牢成本全部回收，则许多短期储蓄金就可能被抵消。在这些套牢成本的恢复还没有实现时，电力价格就有望在一个较短的时期内下降，这种下降是相对于那些处在传统服务性法律的价格标准之下的情况而言的。就100%的套牢成本恢复而言，那些有竞争力的价格几乎与那些短期内法律规定的价格没有什么区别。

如果因竞争压力而导致效率提高或一些价格下降，那么，在一个长时期内（到2015年），价格将会下降。EIA的短期设计方案预计价格会下降，因为在没有困境价格恢复的状态下的8%～15%的价格竞争，包括我们已经看到的、在有限批发销售竞争中的降价，电力生产者为开展零售竞争而做出的准备，以及已经由立法者展开的行动等。价格的变化将随地区而异。那些在当前法律所规定的环境下发电费用较低的地区（如西北太平洋地区）在那里的水电发电费用较低，美国北部的中西部地区，那里的燃煤发电费用较低等。这些地区可能会见到一个短期的价格上扬。对于困境中的价格的恢复并没有政策性指令，美国的供电者们会经历一个整体市场价格的下降，可能会接近1700亿美元，而且会出现不少破产者。

一些正在被讨论的战略为纳税人、股东们、签了购买合同的用户们、交税者们以及（或者）非公共事业部门的供电者们制定价格。一些观点都在考虑中，比如推迟零售竞争的开始、向违约的用户征收撤处费用、减少管理方面的费用以及降低设备的能源付费等。这可能会导致25%的降价或者在风险期间公共事业部门的套牢成本更大幅度的下降。在第888条法令中，FERC建议这些套牢成本回收应该是允许的，因为这是成功地向具有输电能力开放的竞争性批发市场环境转变关键之举。这些套牢成本是可以从那些正打算从批发市场撤出的商户身上回收的。

公共所拥有的和乡村的电力联合体也将受到这种工业的重组影响。一般情况，它们的运营成本低于IOU的，而且它们绝大部分能够以具竞争力的价格出售电力。然而，随着IOU与电力公司之间的竞争，公共拥有的和电力联合体可能发现它们也需要更低的价格。它们中的大多数正在通过裁员和其他节省开支的措施来参加这场竞争。虽然仅有少数公众拥有的部门最近公布了一些合并的计划，但与IOU相比，它们并没有明显的合并趋势。公众拥有的部门可以通过分享资源和形成互助型运行模式而拥有一些合并后的效率。

IOU合并的计划已经由一些公共拥有的事业部门提出来了，这些部门坚持认为，这些计划会导致发电能力的一些不需要的联合与合并，并产生了一些额外的市场电力。斗争的另外一个重要焦点是关于私人使用资助的争论。在法律条款规定的环境下，公共电力公司曾经能够使用免税的商务工作去为其所供电的区域提供服务。投资人拥有的公共事业部门关心是否这样的特权在解禁的大环境下会被延伸到公共电力公司中去，公共电力系统将会得到一种不公平的运营优先权。

7.4 独立操作系统（ISO）

一个ISO的概念就是一个企业将通过拥有一个或多个发电公司来独立掌管输电网，这种企业的重要性正在增加。ISO是绝大部分团体所要考虑的，而这些团体将是实现有效的批发销售竞争的关键力量。在一个解禁的市场环境下，一个ISO的最重要责任之一不加任何歧视地为所有供电者提供向电网输电的能力。多个ISO在美国正在开放，而其他的ISO也正处在发展的方向阶段。

特别设计的ISO可以提高输电系统的效率，这是通过结合市场发展方向的战略和为所有用户建立单一区域性送电系统而实现的。然而，许多公共事业部门并没有加入ISO，这意味着这种体制上的转型还需要好几年才能完成。此外，美国全国范围内的可靠而又安全的输电服务将可能会击垮一些区域性的抵制从而保证ISO在全美境内的推行。

7.5 电力市场营销

除了电力部门的措施之外，电力市场经销商们（相关公司——它们购买然后再出售电力、输送电力以及一些传统部门提供的其他服务项目）也正在合并成电力工业中一些新型的联合体。在美国，3000多家电力部门中的近2/3没有发电设施。这样一来，最终到达终端用户的一半以上电力是以批发价格从其他公共事业部门和非公共事业部门购买的。

在目前主导电力市场销售潮流的众多公司中，绝大多数有着“电力”或“天然气工业”或者两者兼而有之的名称。这些公司正在使用它们的工业知识与专家群体在这种大发展的背景下寻找自己的利益。许多顶级的电力市场经销商们同时也是顶级的天然气经销商（图7.4和图7.5）。

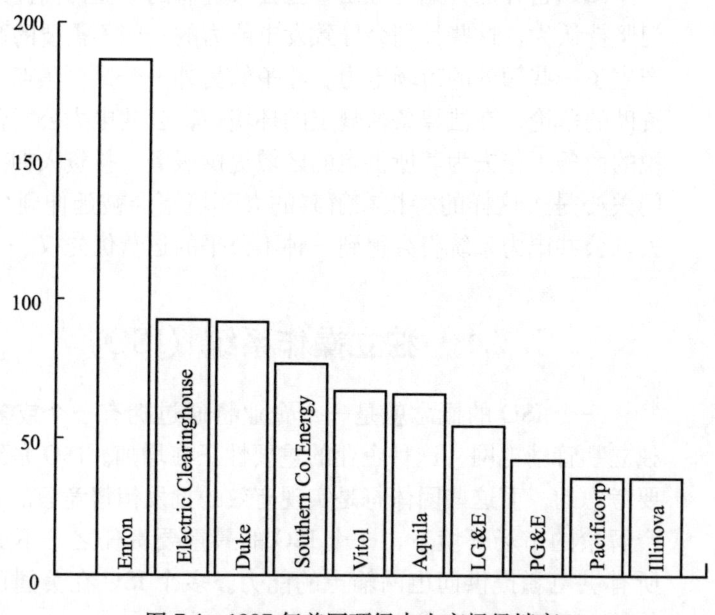

图7.4 1997年美国顶级电力市场经销商

分析一下电力批发与零售交易市场，可以大致得出以下几点：

(1) 为保证电力的稳定供应，用户们付高出电力市价的历史趋势在竞争的早期阶段依然会继续存在。那些购买不稳定供应电力的价格相应

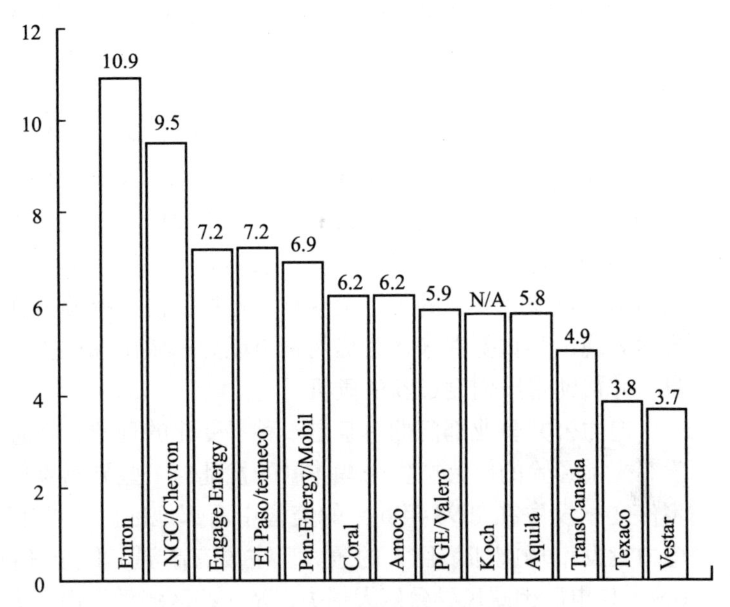

图 7.5　1997 年北美最大的天然气经销商

地就要低一些。

(2) 稳定的电力保证在可以预见的未来有望继续存在，即使实际的交易情况在变化发展着。含有保险费用的长效合同将很可能被延长，但最终会因市场的成熟而被终止。

(3) 工业用户们将会因电力市场的开放而成为最大的获利方，他们以几乎与批发价格相等的零售价直接从发电厂购买电力。

(4) 电力的“货到付款”市场刺激了电力市场的发展，这种市场已经在全美多处地方运行了。电力市场经销商和一些电力公共事业部门正在使用“货到付款”作为批发电力的来源选择。

(5) 加利福尼亚—俄勒冈边界 (COB) 与 Palo Verde 开关站是当时两个最大的电力交易中心。电力期货合同是新型的经济学工具，这将有助于交易商们掌握电力中的风险，并于 1996 年 3 月在 COB 和 Palo Verde 开始应用了。1998 年新增了两处电力交易场所，一个进入 Cinergy 输电系统，另一个进入 Entergy 输电系统。第 5 个输电站是宾夕法尼亚—新泽西—马里兰电站，也已投产使用。

纽约交易所于 1998 年 10 月开始执行 Cinergy 和 Entergy 的期货合同。在两套输电系统中，第一批合同就签了 939 份。与之相比，1996 年 3 月 29 日这一天 COB 和 Palo Verde 就签了 1221 份合同。NYMEX

的经验表明，在未来的能源合同中，只有不到1%的能够实施。所以，为零售合同提供服务将不会被公共事业部门以一个区域性单元进入未来市场而受到影响。

电力工业的重建与开发竞争正在迫使工业行业中的人们只有学习新的“游戏规则”与商务实践才能获得成功。经济派生规则的使用正在成为众多能源类公司的管理战略中更加重要的内容。面向未来、物物交换、前进、选择权、帽子、地板、衣领等，都是工业部门必须了解的名词术语，以便在开放的市场上获利。这些经济性措施将在减缓套牢成本方面表现出其重要性来，为提高输电能力和做出输电投资的决定提供信息，并帮助用户们度过新的危机。

电力公共事业部门的解禁是一种易变化的现象。在直接竞争方面是没有先前经验的，会产生一些体制的扰乱与一些异常事件。最有意义的事件之一发生在1998年6月的美国中西部地区。一些因素叠合起来给电力批发市场施加了巨大的压力。主要有高温、位于怀俄明州的Davis Besse核电厂因飓风导致巨大损失，及一些区域性发电厂无法发电。电力供应的短缺导致了货到付款市场的电价高达7000美元/（MW·h），而市场的平均价格则仅为30美元/（MW·h）。在这种混乱的交易中，一些部门和一些商品交易商损失了数百万美元，因为他们不得不以高出正常价格许多倍的价格购买电力。市场问题导致了法律诉讼要求明显增多。

FERC调查了这一事件，确定了是否需要对维持“一个认真负责的市场”进行测评。由于中西部的电价在24小时之内就完成了自我调控，这种情况的发生不应该被用作反对解禁的证据。这只不过使得电力市场的“拼凑”以及竞争水平的变化和透明度不够等特点变得更为突出。时间与经验有望纠正这些顽疾并建立一个有效的、负责任的和可信的体系。

7.6 公众选择

由RKS研究与咨询机构完成的公众选择调查揭示了在加利福尼亚和美国其他州之间的开放竞争之前与之后的一些有意义的反差现象。

比如，81%的加利福尼亚居民意识到解禁的重要性，相比之下，美国全国居民中，这一比例只有42%。虽然对于竞争将具体包括哪些内容还不清楚，但75%的加州居民支持由自己选择电力供应者的决定。他们还希望得到一些意义深远的储蓄金——平均为14%的储蓄金——这笔钱必须高于 10% 的货币贬值率。公共事业部门无法满足用户们膨胀的储蓄金渴望。只有 46% 的加州居民声称从他们在当前的电力供应商处获得了关于州的市场上将要发生的重大变化的一系列信息。在这些居民中，只有 2/3 的人收到了对他们所提问题的解答；而其他 1/3 的人则感到疑问越来越多了。

加利福尼亚州的储蓄金预期折射出国家的发展趋势。在相似的调查研究中，新英格兰州的电力用户们声称其储蓄金达到了 20%，表明对公共事业部门提供电力的强烈愿望。

更为不吉利的预兆是：在美国范围内，到 1997 年末，公众满意度下降了 3/4——这是 RKS 根据其基本价格、电力输送以及用户服务等项目的调查所检测的结果。只有公共事业部门的能力和完整程度依然保持不变。用户的满意度在美国东北部和加利福尼亚州有一个明显的下降——这是美国国内电力工业解禁力度最大的两个地区。

即使有这些负面趋势，RKS 也发现了一些对于那些期待着出售产品并为居民提供服务的公共事业部门来说的正面新闻。这些调查的主题支持了这种观点——每月的电、气、水和下水道及垃圾处理等费用一笔付清。用户们还对一些科技含量不高的服务表现出兴趣，比如电气化、设备维修、加热与空调，以及以区域性公共事业部门的名义进行的卫生管道工程。

7.7 动力改变

出现在电力工业中的动力改变因素包括发电技术、立法和法律授权以及区域性电价变化等方面的进步。发电技术从这些进步所获得的利益如下：

（1）新型的发电机更为清洁且能耗小。

（2）技术进步已经使发电机以低于那些使用陈旧的化石燃料或核燃料的蒸汽发电技术的成本生产电力。

（3）新型发电机能够被造出来并能很快投入使用——它们常常会被用作对已经存在的中央发电站的发电能力进行转换。

立法已经成为电力工业发生转变的一个重要驱动力量，就像其在天然气工业中所发挥的作用一样。1978 年的《公共事业管制政策法》(PURPA) 规定，电力部门必须以公共事业部门的规避价格签订购买合同，包括符合 FERC 所建立标准的任何非公共事业部门提供的电力与能量。1992年的《能源政策法》(EPACT)为1935年颁布的《公共事业控股公司法》(PUHCA)开放了输电网并解除了对一些非公共事业部门的禁令。PUHCA拆散了大的州之间组建的公司，并要求它们分散其权力，直到每家公司都成为一个独立的、按照地理区域提供服务的体系。PUHCA只有在一个独立公共部门的运营是“必须的且合适的”的情况下才允许成立一些公司，此举实际上是在电力批发市场上将非公共事业部门排除了。

1996年，FERC颁布的第888条法令，向非公共事业部门开放了输电市场，因此开始了电力批发的竞争，第889条法令要求公共事业部门建立起分享关于能实现输电能力信息的电力系统。

7.8 发电能力要求

即使需求量的增长较为缓慢，到了2020年，依然需要新增400GW电力以满足日益增长的电力需求，并替换那些陈旧的设施。在未来的几年中，许多陈旧的、发电成本较高的化石燃料发电厂将会退役。在1996—2020年，现有的发电量为52GW（51%）的核电站和73GW（16%）的化石燃料——蒸汽电力设备将会退役。在天然气组合循环发电厂大发展之前，以化石燃料为动力的发电将被限于粉末状煤炭—蒸汽装置；到2010年，这种组合循环式发电装置的发电将有望达到54%，其余的38%来自煤炭—蒸汽装置，前者的建设费用仅为燃煤电厂的1/3。

在建设新的发电能力的发电厂之前，公共事业部门希望用其他选择来满足社会需求的增长——将现有的发电设施延长寿命并重新投入使用，从加拿大和墨西哥进口电力，从热电联供装置购买电力。即便如此，假设到2020年一个一般水平的发电厂的发电能力为300MW——设计中的新型发电厂将达1344座，其总发电能力将达403GW，这样才能满足电力需求并弥补陈旧设备退役的空白。对这些新发电能力而言，85%的电厂根据组合循环或以天然气或石油和天然气为燃料的涡轮机设计的。这两种技术的设计目的主要是用电高峰期和中等需求量时提供电力，但是，组合循环技术也能被用来保证基本的电力供应。

8 天然气工业与电力工业的融合

由于解禁促进了天然气与电力工业的结合，任何为能够在开放市场上获利的措施都是有帮助的。

从事天然气与电力业务的各公司比起单独从事电力或天然气业务的公司有着更大的优势。许多公司都具有从其产品获得最大利益的能力。天然气可以一直被储存，直到其价格上涨到一定水准再出售，也可将天然气输送到国家的那些对其需求量更大的、气价更高的地区。还可以在供电高峰时燃烧天然气发电，以获得更大的利润。这些公司具有更多的选择空间，因此可以拥有更大的获利机遇而不必考虑经济或天气的条件。

与在所有竞争性商务活动中的情况一样，对获得的利润的渴求推动着汇合的发展。随着解禁车轮的继续转动，这些“融合”也在继续着。

随着美国对发电商业活动的解禁，大型的“一步到位”式能源供应者们已经如雨后春笋般地遍布全国了。首先由天然气工业，随后由电力的解禁所带来的 Btu 工业的汇合已经成为天然气管线—配气公司与电力公共事业部门之间所推举的史无前例的改变与所完成的公司合并的核心问题。一股公司合并、合股、联盟以及其他类型的联合的洪流正在整个工业体系中涌动，这是一个崭新的 Btu 工业。随着工业与团体之间的界线继续模糊不清，我们需要追踪这些主角的发展轨迹。这两种商务活动是稳定的，受法律管辖的各种工业正在成为有大量诉讼出现和价格变动的激烈竞争领域。

8.1 合并和获利

那些寻求联合力量的天然气与电力公司正在经历着成长的阵痛，因为立法者也在密切关注着正在合并过程中的新型的、合并中的 Btu 商务活动。

电力与天然气公司之间的汇合合并在20世纪90年代后半期中已经迅速增长了。根据对1992年到1998年上半年之间的统计，就合并与获利而言，从爱迪生电力研究所的图（图8.1）可以看出，所含电力公司与天然气公司占到了39%。投资者拥有的电力公共事业部门看到了极高的价值——在融合中开展协作并像交易专家一样的节省资金。汇合的措施使公司向着完全能源服务者的方向发展，这对于解禁的市场是一个重要的贡献。当公司根据所完成的合并而改变其名称时，会有进一步的论证；常常会以国家的名义进行命名。实际上，汇合合并的重要内容，以及在20世纪90年代后期所完成的电力—电力之间的合并，都包含有名称变更的内容。

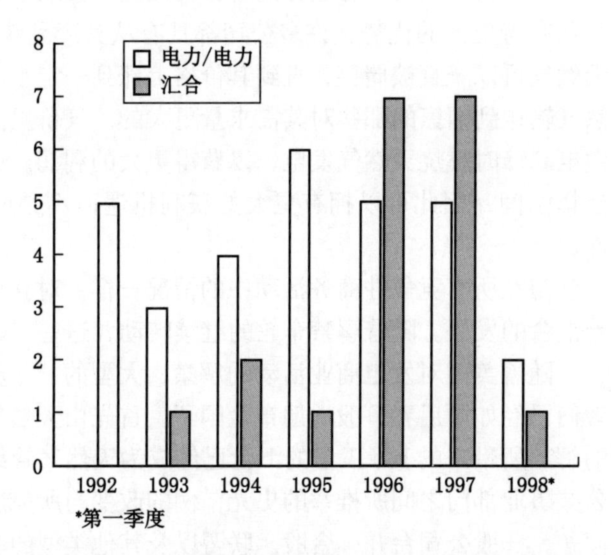

图8.1　所宣布的电力—电力汇合合并的数量

8.2　电力工业的合并数量

汇合的重点包括了对配气公司（LDC）、天然气经销商和天然气管线公司的区域性布局。通过它们与管线公司的联合，配气公司将天然气进行配气并再出售给用户们。LDC不仅补充了用户们因能源产品的组合所提出的能源需求，而且还为一些新公司提供互利的现金流通模式。由于在冬季使用天然气加热的居民用户们可能会在夏季使用以电为动力的空调，所以预计会有更多的现金流会汇聚到那些已合并的公司内。如果LDC的服务范围扩展到那些有潜在电力用户的区域，则就有可能获得更多的用户。此外，如果将服务范围置于电力公共部门和配气公司所覆盖的中间地域，未来的电力市场就可能出现多种形式的服务和产品。

天然气管线公司通常要大于配气公司，并可提供领域更为宽广的服务内容。它们可以包括天然气的汇聚与加工处理，以提供给市场并进行交易。天然气的管线供气与输送常常可以补充那些电力公共事业部门的天然气发电所需的气量。许多天然气公司都建立了市场营销、交易以及由于天然气市场解禁所导致的商业风险管理技巧等部门。

这种融合能够以经验丰富的雇员与可操作性的内部结构为电力部门提供交易能力。由于交易的技巧在电力经销中有助于在批发的电力商业中获得利润，所以它是基本必须的。因此，天然气管线公司就会成为理想的合作伙伴。通过与天然气管线公司的结合，电力事业部门就可能以低价和低风险获得多种渠道的燃料来源。

在一些情况下，这种合并由于所需的法律条款的缺乏而正在向有关部门求助。在需要得到FERC同意的地区，这种合并工作进程较慢。如果不需要FERC的同意，则这种公司之间的合并可以在6周内完成。在法律允许的前提下，一个电力公司的合并大概需要两年的时间方可完成。

“融合”这一概念传统上被用于电力工业中，以明确是一个电力部门与一家天然气公司的合并，这一概念最近也被用来引申描述电力公司与电话、安全以及电缆公司的合并。这些与导线相关的都被认为是合并。

绝大多数合并与获利的举措都是由投资者所拥有的电力公司友好地结合的，这些公司认定，此举可以通过共同运营的方式获利。当20世纪80年代和90年代出现有敌对意义的获利企图时，迄今没有一家怀有此意的公司能成功合并。近年来，这些公司或者被迫撤出，或者友好地转变了自己的态度与做法。

1997年，经过两个月的搏斗后，CalEnergy公司撤销了其购买纽约州电力与天然气公司的决定。1995年，PECO试图从PP&L资源公司获得利润，因为其所在地的强烈反对，此举失败了。当西部资源公司最近试图以敌意的方式与堪萨斯城市电力与照明公司（KCPL）合并时，也遭到了斥责。接下来，谈判就变得友好起来，1998年3月，西部资源公司和KCPL同意重新修订它们的合并合同。

公共部门也正在寻找那些能够补充它们的配电网络公司，包括一些商务活动，比如住宅的安全、电缆、电讯和水的供应。为了在竞争环境下获得成功，公共事业部门正在选择具有相似的基本核心商务特点的工业（如电力工业），以达到自己的目的。

合并与获利并不是达到获得利润的唯一道路，而核心是储备。联合、结盟与合资往往会吸引体制的转型。电力公共事业部门正在增加融合的力量并且结合了它们的市场营销能力，建立包括天然气和电讯的其他工业战略联盟。这些关系避免了与合并和获利以及所包含的一些麻烦的手续所产生的费用。事实上，所产生的一些新结合能够包含与一些投资者所拥有的电力公共事业部门的合作，以增加收入与利润。这些新诞生的企业都有一个共同的目标——加速自己的发展并增加股东的价值。

8.3 融合的分支

融合包括一些分支：经济、发展、工程和运营。调查需要完全彻底地了解这些分支，还要包括加强有才干人员队伍的力量以及用于增长计划的长期预案。需要有新的战略目标，以对可能遇到的风险进行适当的评估。与过去的情况相似，那些改革的、进取而坚持的公司，并有着长期的商务活动的公司将获得成功。

得到 Btu 允许销售能源并提供相应服务的美国国内最具竞争力的企业都受到了开始于 20 世纪 70 年代的解禁浪潮的冲击。

Btu 的商务活动年收入接近 3000 亿美元，远高于航空与电讯行业的收入。正如人们经常提到的，即使有解禁的影响，电力依然是最大的工业。因此，立法者正在极度小心地保证没有为潜在的主要区域性电力市场制造任何反对竞争的障碍。

8.4 利益最大化

即使存在着巨大的利益潜力，由发电与天然气公司合并而获得金钱的前景在最初可能是令人捉摸不定的。这是由于正在获利的公司所支付的部分额外费用所致，而且还因为这类市场太新了，以至于无人能够确定一条获得这潜在利润的最佳捷径。这说明，人们对前期方案的理解还远远不够，而且，用户们还正在从那些努力寻找走出解禁困境的供电部门中进行选择。

合并的趋势真正开始于 1996 年，宣布继续作为一些争取汇集各种能源的公司，并成为所有能源的供应者。一个大的、没有答案的问题是许多大型能源公司是如何在解禁的市场上成为赢家的？广告宣传与品牌推广正在全国每个角落展开。单一结构的电力或天然气公司并不特别需要广告宣传，它们拥有大量的用户。随着市场大门的开放，这些公司正在寻找留住现有的用户方法，并获得新的用户和市场份额——它们就需要广告宣传了。结果，从有关体育运动事件到文化规划的每一项内容，都需要由管辖它的公共事业部门试图去建立一个品牌的名称。广告宣传活动正在广播、电视和报纸杂志上展开。

发电与天然气市场营销的商行可能会成为未来解禁了的能源商务活动中的关键部门。虽然人们对由能源经销商控制的电力与天然气服务的合并有着广泛的期待，但根据最新的调查，绝大多数大型能源使用者却倾向于选择一位特定的天然气市场经销商，以满足他们的天然气需求，同时也会选择一位特定的电力市场经销商来满足其电力的需求。许多商业用户将其市场经销商与传统的公共事业部门的能源供应商们一视同仁。比如，大型的能源使用部门将可靠的能源供应、可靠的服务以及保质保量的燃料来源视为他们在电力与天然气市场经销商之间选择的三个标准。

能源市场经销商所面临的挑战正在熟悉那些唯一接受他们服务的用户们，而且也正在鼓励用户们使用他们所提供的服务，比如一些市场经销商的唯一要求就是控制市场——燃料的多样化、使用经济派生物的技巧以及成功的危机处理的技巧——这被置于能源使用者们在不同的电力与天然气经销商之间的选择项的最后一项内容。

一个特点——经济的实力会明显影响能源使用者们。他们说当经济实力以一种可信任的地方税（如那些由主要的地方税制定部门所出版的地方税条例）的形式被表现时，则这些地方税的制定将会扮演一个重要的角色。

其他的研究发现，一些国家级的连锁商店，比如沃尔玛和其他一些大型零售商场就计划减少与其有交易的能源类公司的数量。这些大型用户们并不是从各自所在地的公共事业部门购买能源，而是在市场一旦开放的形势下，缩小它们的进货渠道，仅从国家级的能源经销商处购买。此举将简化支票与现金的付费方式，并可使这些公司在购买能源中协商合适的价格。

8.5 天然气工业的先例

天然气的解禁在许多途径上都先于电力的解禁，包括美国国内以税收为基础的方式与服务付费的法律等方面，但天然气工业的重建工作尚未完成。除了将一些联邦初期的工作给予仔细的调整之外，FERC 第 636 条法令实施的主要目的就在于推进竞争和用户对城市供气站的选择，这些是非常活跃的领域。而且，FERC 的第 888 和 889 条法令的补充使得电力批发市场开始运作，这些对天然气工业和其他的立法者都产生了有用的启迪。

虽然天然气与电力市场都已经形成并以其特有的风格运行，但在两种市场也都实施了竞争机制。电力也正在开展竞争，比如，与天然气工业相类似的运行模式、零售服务的方式，以及管线的商业功能的扩展等。一种工业学习另一种工业的进程是不可避免的，因为电力与天然气的交易几乎是在同一个能源市场上进行的。随着这两大市场的合并，两种曾经泾渭分明的工业正在变得更为相似，彼此之间最大限度地借鉴对方。

对天然气工业而言，其发展的步伐似乎较慢，但是进行着更为迅速解禁的电力工业可以提供一种关于竞争机制的对策，这也促进了天然气工业的解禁。尤其是 ISO 的电力工业概念为天然气工业提供了一种模式，使其可以将业已存在的竞争机制应用于天然气管线输送能力与相关的服务等领域。电力工业中已经对其产生冲击的就是互联网的使用，这种影响主要表现在对市场信息的吸收与交流。原因之一就在于电力工业工作的高峰时间非常短暂，所以众多的电力部门有史以来彼此之间的工作联系是非常紧密的，它们共享关键的运行信息。为电力公共输送的能源至少应在输送的前一天储存起来，但对能源运行时间表以小时为单元进行修订是有可能的，也是常见的。这也带动了“开放通道时间信息系统”(OASIS) 的发展。

天然气工业也正在寻找一些辅助性服务项目，这些服务与燃料的销售观念相似，包括“存放”、运载及其他来自管线公司的服务项目，而这些概念并不仅仅为天然气工业一家单独认可。在管线公司之间存在一种趋势——在众多的功能中确定尽可能多的“提高性”或者“附加值”服务并分别从中收取费用。绝大多数这类努力由不同等级服务的提供者们以“中心”或“市场中心”的概念进行推进。这一努力可以帮助市场更加具有弹性并可满足用户需求。还有一种可能就是通过生产一些非指令性的价格来吸引市场。

天然气工业与电力工业的“圈内人士”都反对在与那些不规范的竞争者们在一种“同一层面上”的竞争。

8.6 电力工业的商业竞争

在开放的市场竞争大环境下，商业性发电厂正在全美蓬勃兴起。推动这一局面的人们打赌说，这些新发电厂的设计将会比现存的、在“货到付款”市场上那种低效供电更具竞争性。一些公司正在收购已经存在的公共事业部门的设施，并计划将它们按照商业活动来运作，并从中获利。商业的设施几乎都是以天然气为燃料的发电站（这些将在第 12 章中详细讨论）。

然而，并不是所有现存的发电厂都会受到竞争的威胁。一些公司正在以已存在的发电站重新设计动力来源，以使其具备竞争力。更换或革新现存的发电厂将是美国未来 10 年中巨大的市场机遇。根据测算，到 2010 年，美国的 700000MW 发电能力中的 2/3 将会被更换。

长期的销售合同正在消失，那些长期的燃料供需合同也是如此。在商业市场上的推动者们的运作将不能确定一种固定的价格，即一种长期能源供应的合同。相反，他们将需要与那些甘冒价格风险的能源供应者们保持一种长期的合作关系，在电力工业中的情况可能亦然。

发电与燃料的基本设施在串联的形式中更加频繁地被推广，它们彼此相互支持并互补。从历史来看，很少有燃料公司能够在全球范围内独立的电力商业中担当领头羊的责任。这些公司正在寻找一些愿意成为电力开发者的合作伙伴。与燃料公司的密切合作对于一些电力公司来说——尤其是在电力的商业市场上，应是一种发展方向，在这些市场上，低价的燃料意味着将在获得利润与破产之间二者居一。

电力工业可能会希望有更多的合并与获利，以及与电力公司与燃料供应商之间的合资关系。燃料公司将成为颇具影响力的主导力量，可能会在未来的 10 年中以 IPP 工业的主要从业者的身份出现。

对于大型能源聚集或小型开发者们而言，效率就成为竞争中的主题。在宏观范围内，效率将会被认可，而最差的生产者们将会被淘汰出局。

大量的、正在增加的电力工业部门正在创立一个以运营、甚至拥有大型工业与商业性发电厂为基础的新型商业。

人们已经清楚地看到电力工业与天然气工业合并将如何最终共享资源的趋势，但它们也会作为一种普通的商业战略伙伴出现，而且市场可能会发现它们业已存在。无论它们合并与否，Btu 商业都将会存在，电力与天然气这两种工业的区别已变得很模糊了。它们可能最后被融合在一起。

9　发电厂基础知识

发电厂，与其他制造业的设施一样，将原材料转化为产品，而且通常都会产生一些废品。对于电力制造者来说，主要的产品就是电。所谓的废品，就是被排放到空气中的烟灰和挥发性物质、水和土壤中，这取决于所使用的燃料。

电力是一种非常规的产品，它是看不见而且危险的产品。对于电力工业来说，一个困难就在于电力一般无法储存。它必须按需生产。

在发电厂中，燃料被转换为热能，然后成为机械能，最终变为电能。燃料燃烧产生热水并产生蒸汽，进而推动马达或涡轮机——这些机械带动发电机。图 9.1 为能量转化为电力的各个阶段。

来源 → 燃料 → 火焰 → 锅炉/炉 → 蒸汽 → 发动机 → 轴箱涡轮机 → 发电机 → 用户

图 9.1　能量转化示意图

最常见的燃料是化石燃料，主要是煤炭、石油和天然气。它们在一个蒸汽锅炉中燃烧，用蒸汽推动一台与发电机相连的电动机或涡轮机。核电厂也是一种蒸汽发电厂，在这种发电厂中，核反应器代替了锅炉。热能来自核反应——称为裂变反应，而不是来源于化石燃料的燃烧。用来转换热能的设备与常规的蒸汽发电厂中的是相似的。图 9.2 是这些设备连接发电装置的示意图。

将水变为蒸汽。蒸汽从几个喷嘴喷射到风扇（涡轮）锅炉上和发电机上。图中展示的锅炉和涡轮机是一个最简单的例子，显然，真正的发电设备要比这复杂得多。

对于绝大多数人来说，发电的过程是神奇的，但实际过程却是简单易懂的。如图 9.2 所示，发电机由几个磁环构成，内部有一组电线。这是一个最简单的例子，但是实际上发电机都是由一个内部有一些电线圈的磁铁构成的。当磁铁从每一个磁场末端发出磁力线穿过内部的线圈时，线圈内就会产生电流。通过加大线圈的电线圈数，或者环形室，电流的强度就会大大增加，所产生的电流也就会更多。

人们也许会感到奇怪，这么简单的过程就能建成完整的、大型的

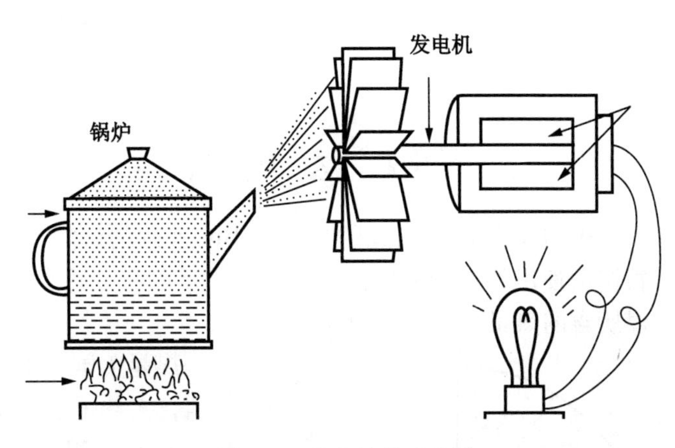

图 9.2　发电过程示意图

发电厂吗？原因在于那些真正的发电厂的结构更为复杂，而我们设计的小型发电设备的功率是非常低的，几乎为 0。今天，复杂的发电厂的效率设计可以达到 60%。以天然气为燃料的发电厂的效率可以达到最高，发电的效率越高，从相同质量的燃料所发出的电力就越多。

工程师们坚持不懈地为提高发电效率而工作着，因为燃料是电力生产的一项重要费用。今天以煤炭为燃料的发电厂与 20 世纪 20 年代到 30 年代相同的发电厂相比，发出相等电力所需要的煤炭仅为当时的 1/3。

图 9.2 中锅炉所示，大量的热量以热气或热水的方式从锅炉中放出——这也是从燃料中放出的热量。用来加热水或空气所使用的热量被浪费了，这就降低了加热过程的效率。在一座发电厂中，有两种可以用来回收和利用在一个简单的循环中被损失掉了的热量的主要方式，如图 9.2 所示。

第一种方式叫做“热电联供”，这是一种将电力与另一种能量的形式（如热或蒸汽）同时生产。从锅炉中产出的热蒸汽在一座热电联供的工厂中可以被回收并被用于工业生产的过程，或者用户供热。一个典型的供热系统——在建筑物中用蒸汽或热水在管线内流通，这在欧洲上非常普遍的。在工业加工中使用热电联供，比如在罐头制造业中汤的加工，在美国也是非常普及的。

第二种方式叫做“组合循环式发电”，可以利用在蒸汽涡轮机中可能被浪费的热量来进行发电。热量又被循环至常规的锅炉或者到一台热回收蒸汽发电机（用蒸汽驱动的），以产生更多的电力。用来将一台陈旧的以化石燃料为动力的发电机从一种简易的循环转化为一种组合式循环过程的设备改装是一种将陈旧的发电厂改变为更加有效的通用方式。

9.1 发电燃料

燃料中所含的热能的量是以 Btu 进行测量的（1Btu 大约相当于一根厨房使用的火柴所发出的热量。它足以将一磅水升高 1 ℉。例如，1t 煤所含的热量大约为 2500×10^4Btu）。

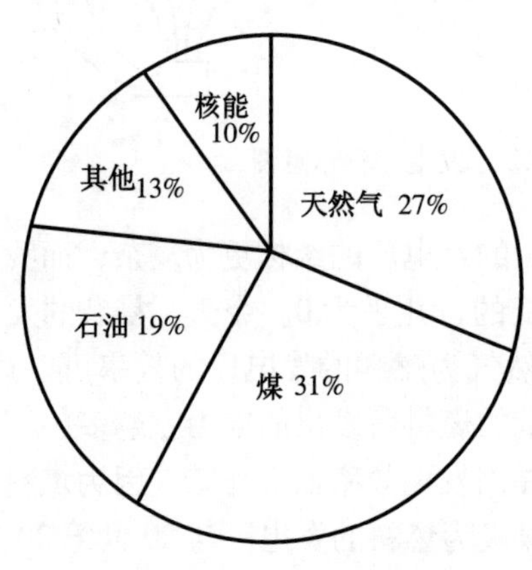

图 9.3　1996 年美国的总能量生产

煤是美国发电厂中使用得最多的燃料，大约可占 31%。天然气紧随其后，大约占 27%。由于燃料的转换与排放量受到了限制，燃烧更为清洁的天然气在过去的几年中已经大大地普及使用了，现在，在新建发电厂中使用得越发广泛。石油是第 3 位广泛使用的发电燃料，大约占 19%，其次是核能，占 10%。其他一些燃料，如风能、太阳能和生物质能等，大约占 13%（图 9.3）。

9.2 发电负载和电力输送

如前所述，电力不能被储存，这就是发电业的一个困难所在。发电厂所发出的电力将取决于用户每天各个时段和每周各天所需要的用电量的多少。发电量也随季节和天气的变化而变。在某一时间所需的电力称为需要量。为了满足用电量，电力生产者们一般需要一个基本的负载发电厂——一座能够保持最低需要量（也称最小负载）的发电厂。这种发电厂以一种完全恒定的功率运转。基本负载发电厂一般使用最新的和最有效的发电机组（所以它是最便宜地运行的）。

对于高负载（也称为高峰负载）发电机来说，它们可以用小功率的发电厂及时发电来增加电量。大型供电系统也有一些有中等负载能力的设备，在电路负载量超过基本负载时使用，而那些高峰负载设备则在电力的需求量达到最大值时投入使用，这段时间工业用户会消耗大量的电力。在夏季最热的日子里，电力负载会高于平常，此时就会使用高峰负载发电了。在高峰需求之外发电系统所具备的任何额外的发电能力被称为“储备或备用电能”。

虽然一些在发电厂发出的电力被用来点燃发电厂及用于其他系统，但绝大部分电力还是要被输往所需要地方。那里就是输电与配电（T&D）的地方。

输电与配电系统的主要组成包括一座变电站、输电线路、一座变电所和配电线路（图 9.4）。

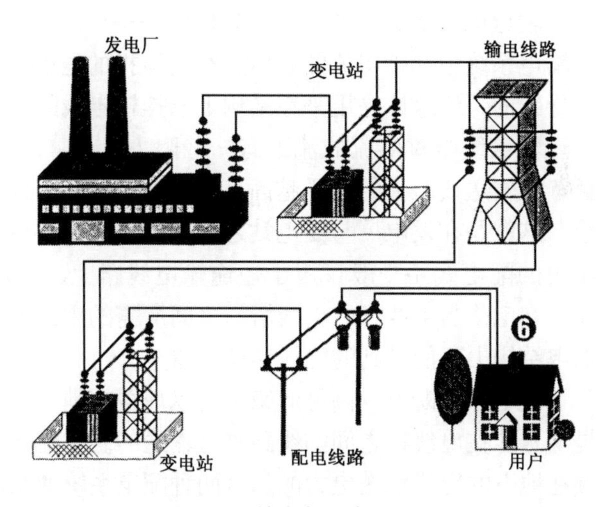

图 9.4　输电与配电的组成

9.3　T&D 系统的组成

如图 9.4 所示，变电站通常位于靠近发电厂的位置。变电站接收来自发电厂的电力并直接将其输送到输电线路上去。变电站起着连接发电厂与 T&D 系统的作用。主输电线路被称为电网。当用户们所需的电量高于某个特定的电厂所发出的电量时，就需要用电网来输送。输电网可以连续不断地将电力从一处输送到另一处，以满足用户们的整体需求。

输电线路是从一座支撑塔架设到另一个支撑塔的电线。它们为将电力输送到用户提供了通路。导电物质——如铜、银、钢或铜铝合金，它们的电阻都很低。输电线路将电流从变电站输送到变电站并与可提供交流电的线路相连接。

当变电站从输电线路接收电流并进行转换时，也会在再次输到配电线路之前将电压设定好，然后输往用户。这是由于输电线路所带的是高压电——或者是高度集中的电流——它是从发电厂输往变电站的电流，而配电线所带的是电压较低的电流——它适合于变电站四周的用户将其用于商业或者民用。我们在农村能看到输送电线架在沿途高大的金属塔上。相比之下，配电线的重量要小些和轻些，它们被架设在你所居住的街区的木制电线杆子上。那些从电线杆通往你家的电线也是一种配电电线。

输送电系统有三个主要部分构成——导体、结构体和绝缘体。导体是输电系统中携带电流的载体。结构体指的是电线杆或高塔，是用来安置导线的。绝缘体是用来在结构上悬挂输电线的。

输电线路对电流的流通有一些阻力，这样就会引起一些电力的损耗。在输送线路上的电压越高，电流就越小，因此所损耗的电能也就越小。这就是在发电厂与变电站之间的长途输电要使用高压电的原因。低压电的配电线路一般仅用于短途输电线路上。在输电线路上的电压越高，在电线与电线杆（电线塔）之间所需的距离就越大。电压越高，在输电结构上所能见到的绝缘体就会越多。

配电系统既可以高悬起来也可以埋藏在地下。在高悬的系统中，电是从悬挂在电线杆之间的线路进行输送的。在地下输送系统中，是用埋藏在地下的电缆输送电力的。这两种配电系统通常所使用的构件一般都相同。悬挂式输电系统使用得更多一些，因为它的建造与维护费用更为便宜。

当电流从变电站进入配电系统时，其电压要高于你在家中使用的电压。在电流适合用户使用之前，配电系统会再次将电压下降一些。配电转换器一般安装在民用电线杆上。它看上去就像一个大型金属缸，在顶部有一丛电线。

我们所讨论的完整的电力系统如图 9.5 所示。

电力诞生于发电设施（如图 9.5 中的“发电厂”）它经过变电站——在那里进行升压，以供输送。一旦送达用户所在地，电流会通过一个次级变电站，将电压降下来。电会连续不断地通过配电交换器，将电压降至民用的标准。最终，电流经过配电线路送达民用用户和工业用户。

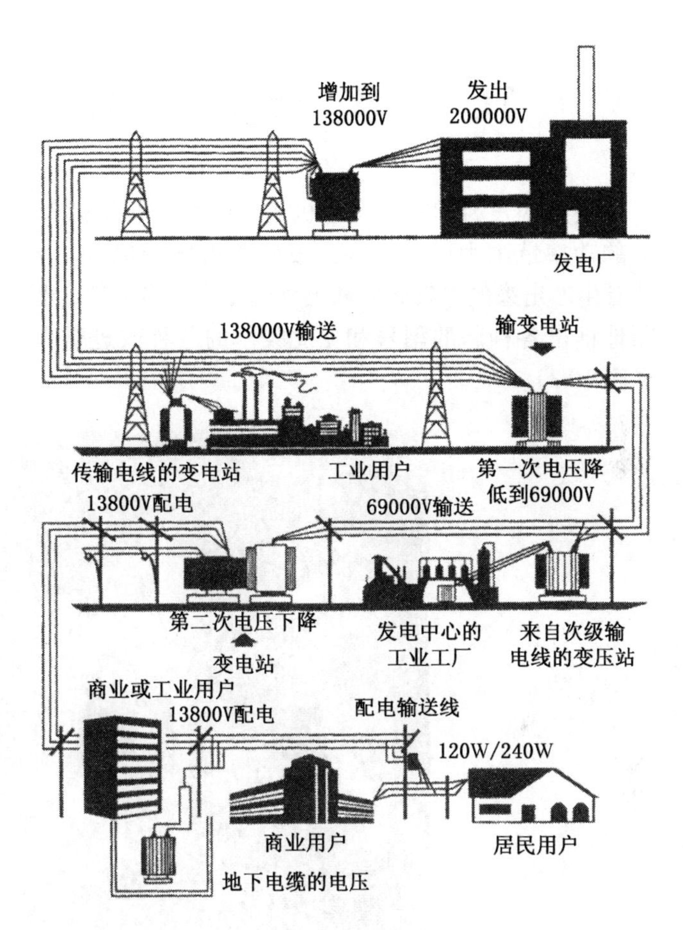
增加到
138000V
发出
200000V
发电厂
138000V输送
输变电站
传输电线的变电站
工业用户
第一次电压降
低到69000V
13800V配电
69000V输送
第二次电压下降
变电站
发电中心的
工业工厂
来自次级输
电线的变压站
商业或工业用户
13800V配电
配电输送线
120W/240W
商业用户
居民用户
地下电缆的电压

图 9.5　供电系统示意图

10 发电技术

以天然气为燃料的发电机的主体部分包括燃气轮机。由于这些机器的功率范围大、安装快、设备费用低的优点，所以很快就普及了。所有生产出来的燃气轮机和尺寸都是适应市场的。制造商们几乎连续不断地推出各种新的型号和据此技术的各种改进机型（图 10.1、图 10.2 和图 10.3）。

图 10.1　一台打开盖子的 GE MS9001 FA 型燃气轮机，这是一种大型燃气轮机，供发电站使用

与以前的发电机相比，所有这些新型燃气轮机与公共事业部门所使用的组合循环式燃气轮机的制造商们非常注意这些设备的热效率和 NO_x 的排放量。高效与低排放无疑是未来几年中涡轮机设计的首要任务，甚至是更高的追求目标。在能源部（DOE）的先进的涡轮机系统（ATS）中，已经产生了一些更有意义的发明。这些设备，如同流换热器、中间冷却器、薄预热搅拌燃烧器、催化剂燃烧器，以及电刷密封等的使用都是先进的燃气轮机设计。

三个特殊的区域——冷却系统设计、材料开发与热防护涂层都得到了显著的进步。组合循环式设备的效率已超过60%，它有望在涡轮机系统中使用，预计每台设备的发电量可达400MW，对于那些发电量少于20MW的工业用涡轮机来说，需要将单循环组合式设备的效率提高15%。

图10.2 一台西门子60Hz重型混合式燃气轮机的燃料室和转子，型号为V84.3A。该机的输出功率可达170MW，一个单循环的效率为38%，组合式循环可超过58%。以天然气为燃料时，其排出物少于25μg/g

图10.3 加拿大安大略省的Wbitby热电联产股份有限发电厂的旋转式Royce工业用气动式燃气轮机

为了达到较高效率的共同目的——较高的点火温度和较低的 NO_x 排放量，这意味着要较低的燃烧温度，ATS 燃气轮机的进气冷却系统已经得到了改进。这使得制造商们得以将点火温度升高到大约 200°F，从而保证在不增加燃烧温度的同时提高效率，同时限制 NO_x 的形成。一些重要的燃气轮机制造厂家，比如西门子西屋公司（Siements Westinghouse）、Allison 发动机公司和康明斯电力公司（Solar Turbines）正在实现 DOE 的预期目标。

与此同时，冷却技术的开发也得到了发展，尤其表现在燃气轮机制造的材料方面的进展。材料的开发得益于航空材料的研究与开发。比如，在今天的高温飞机涡轮机中，单晶的镍超级合金现在正以它们的工作方式溶入陆基式涡轮机组成的设计中。一些制造商们还在实验用陶瓷制作发动机的叶片，以增强转子的入口温度——这可以提高燃料的使用效率和输出功率。

然而，即使有这些进展，涡轮机的金属表面依然有许多局限性。它们在长时间没有隔热保护层的条件下无法承受进口处的点火温度，这种保护层为燃烧的天然气与金属表面之间提供了一种隔绝层和保护。

在 DOE 的天然气研究、开发与论证项目所接收到的资助已经达到了创纪录的水准——从 1998 年的 2.09 亿美元增加到 1999 年的 2.46 亿美元。1999 年 ATS 项目接收了 5600 多万美元。DOE 化石能源预算案中，每年为天然气方案留出了 1.15 亿美元。能源研究预算案中，每年为天然气方案留出的资金也达到了 1300 万美元。

DOE 的 ATS 方案包括为微型涡轮机和小型工业用涡轮机的开发提供资金资助。微型涡轮机是小型的、高速的涡轮机，它的典型输出功要小于 300kW。工业用涡轮机的发电量一般小于 20MW。这两种技术为工业发电提供了机会——在需要电力供应的地区附近可以安装小型的发电设备，如在办公楼、医院或工业设施附近。这些技术还为热电联产提供了可能性——为那些需要自已发电同时还配置了一套供热、制冷、除湿、生产蒸汽或有干燥功能系统的大范围使用此类服务的用户们提供了机会。

10.1 工业潜力

工业用户所代表着公共事业部门的基本用户中的 5% ~ 10%，但是这些用户却使用了每个天然气部门管线输送量中天然气的最大份额。这一比例的用户所消费的天然气量占到美国每年所消费天然气总量的一半左右。它们在制造业与加工业中使用天然气。天然气可以被用于生产蒸汽和电力，可以压缩空气或其他气体，为建筑物和物体加热或制冷。工业用户为天然气的销售提供了可靠的基础，但是燃料必然要有竞争性——这些用户用天然气发电以后通过销售以获利。如果燃料的价格上涨了，就会增加产品的价格。

许多针对这些用户的产品正在被发明或改进。这些改进包括往复式天然气发动机系统和混合式天然气—电力系统，它们可用于发电机械、水泵，提供制冷动力，以及压缩空气或其他气体。从 20 世纪 40 年代以来，往复式发动机已经对天然气输送管线中的气体进行压缩，所以它们很难再作为一种新技术被提高了。但后来的改进还包括了计算机控制系统、新的选择、智慧型机械制图、废弃热量回收，这些发动机的使用还可以在用电高峰期间起到抑制电价过高的作用。

从商业角度来看，那些比安装在电力部门的体积更小且更为简单的新型天然气涡轮机是可行的。小型设备可以用于现场发电，也可以用于冰箱、空气压缩机及其他工业能源的基本需要（图 10.4 和图 10.5）。微型涡轮机和大型工业用涡轮机都可用于配电系统的发电。它们可以使工业用户们选择自己的现场发电系统，也可以建造一座现场发电厂，并请一些当地的雇员，或者用其他的服务保持其运行。这些设备还可在那些输电网尚未涉及的地方（如遥远的地域或正在建设中的地区）进行发电。微型涡轮机还可以为办公大楼、医院、超市或一些因使用空调和照明设施而用电负担较重的设备供应电力。天然气涡轮机还可用于热电联产。

图 10.4　康明斯电力公司的 4.2MW 水银 50 型燃气轮机

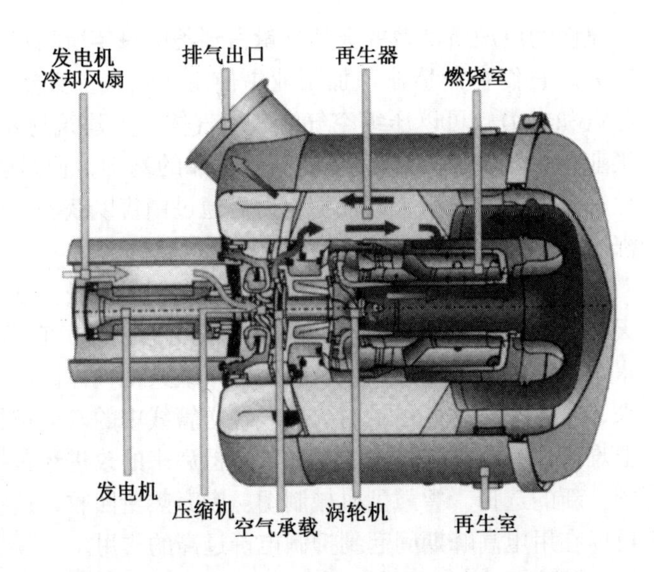

图 10.5 Capstone 公司的 30kW 微型涡轮机是一种结构紧凑、重量轻的复合型燃料发动机，可作固定式或交通工具的发动机

10.2 燃料电池

天然气研究项目中的其他先导内容就是燃料电池的开发。燃料电池通过化学反应将氢、天然气或甲醇等转换为电能和热能。在此过程中，燃料并不发生燃烧，所以，燃料电池对环境保护是有好处的，因为它们实际上没有污染物的排放，一个接在燃料处，一个接在氧化剂处，它们被电解液隔离开。燃料电池根据电极之间所使用的电解液而得名。共有四种类型：质子交换膜（PEM）、熔融碳酸盐（MCFC）、固体氧化物（SOFC）和磷酸（PAFC）。

PEM 燃料电池可以在相对较低温度下（大约 200°F）运行。这使得它们具备了快速的优点，也是使它们能够很好地适应运输的条件。它们也可被用于居民和商用建筑物。这一特殊技术所青睐的燃料是纯净气体氢，但是磷酸燃料电池与商业用途有着最为密切的关系。它们已经被用在医院、育儿室、办公楼、学校、公共电力部门和军事基地。

MCFC 燃料电池可以在一个平均温度为 1200°F的工作条件下运行。小型燃料电池不适合在高温条件下工作，所以这些电池正在被用在发电量从 250kW 到 10MW 的发电装置里面。它们还可以被用于基本负载配电系统中、商业和工业领域，以及经过改良的天然气和其他烃类为燃料的发电装置中。

SOFC 燃料电池可在 1800 ℉条件下工作，以金属和没有液体的陶瓷材料为主制成。此类电池的使用寿命期望比其他的燃料电池长些，因为其他燃料电池都使用液体，所以或多或少地都具有腐蚀性。如果有足以保证可以防止碳的形成，则 SOFC 燃料电池将可以直接应用甲烷作为燃料。它们就像 MCFC 燃料电池一样，使用经过改良的天然气。

对于燃料电池而言，有多种燃料可供选择，而早期的技术和燃料电池依然在使用，一旦天然气的商业化更具经济性，它们将极有可能以燃料电池的形式占据更大的市场份额。随着燃料电池技术的进一步发展，它将可能成为连接电力与天然气工业的一条重要纽带。

对于 SOFC 燃料电池技术而言，最大的潜力在 SOFC/GT 循环中的燃气轮机，如此设计，其发电效率可达 70% ~ 75%，而且排放物是极少的。这类系统依然在研发中，在先导试验工厂建成之前一直在进行着研发工作。

美国天然气协会首先提出用蒸汽改造天然气，使之应用于 PAFC 和 PEM 固定式发电装置。这一观点已被国际燃料电池协会（ONSI）所采纳，该组织的第一个固定式磷酸燃料电池于 20 世纪 70 年代研制成功。ONSI 目前依然在使用天然气的蒸汽改造技术。PAFC 和 PEM 系统用加氢脱硫化作用技术（这是一种少量氢和天然气混合，然后通过一个加热的镍或钴—钼的氧化催化剂的技术流程）。所有的硫都会被加热的锌的氧化物层所吸收。接着，从这种改造炉生成的气体流通过更多的催化剂，用以减少气体中的碳化物组分从而达到燃料电池所需要的标准。这项技术已经被很好地证实，也正在为一些大型工业系统所接受。为了降低燃料电池系统的价格，研究人员们正在进行减少所需的改造物品的尺寸。

燃料电池开发的费用在过去十年中已明显下降了，但燃料电池工业依然需要政府的支持，还需要投入更多的研究并加大开发力度。这项技术表明，它可以应用于固定式发电、移动式发电、输送式发电以及空间与军事用途。燃料电池最早是为美国宇航局（NASA）的空间计划而研制的。这种电池的应用已经很好地商业化了。

1998 年，全世界的燃料电池交易额已经超过 8000 万美元，而且还将大幅度的增加。预计到 2008 年，全世界燃料电池的投资可接近 40 亿美元，到 2010 年，预计增长速率可达 40%。最大的市场份额拥有者应该是 PAFC 燃料电池。

正在为大型固定式应用开发多种燃料电池技术，其功率为 1 ~ 2MW，特别是 PAFC、SOFC 和 MCFC 技术。PAFC 的商业化程度最高，已经有 100 多套设备投入使用。绝大多数在热电联产系统中使用。

超级燃料电池是一项正在美国联邦政府能源技术中心的化石能源部的能源办公室进行研发的技术（表 10.1）。这些电池将能够提供极高的燃料—电能转换率，同时，这种发电技术对环境污染也是微乎其微的。设计中的燃料电池系统的主要优点如下：

表 10.1 简单循环的超级燃料电池与替换物的比较

	LHV 效率（%）	功率	现状
超级燃料电池单循环	70	50kW ~ MW	设计中
超级燃料电池 / 燃气轮机	>80	200kW ~ MW	设计中
燃料电池 / 涡轮机概念	70	200kW ~ MW	设计中
现代燃料电池	40 ~ 60	250kW	开发中
先进的涡轮机	60	400MW	开发中
现代化的大型涡轮机	42	50MW	已商业化
平均的电网技术	35	范围宽	已商业化
微型涡轮机	25	28kW	开发中

（1）史无前例的天然气燃料效率，当使用设在底部的燃气轮机技术时，其热值低于 80%，或者，使用简单循环技术时，热值低于 70%。

（2）超级清洁（无燃烧）技术，具有极大的潜力——仅输出纯净的 CO_2 气体而绝无其他排放物。

（3）在发电、工业、商业和运输部门的市场营销中，小型与大型部门都可适用。

（4）具有减少温室气体排放和增加经济竞争力的潜力。

超级燃料电池技术理念允许固态燃料电池组合有一个操作温度和操作温度窗，并有望获得一套发电厂系统的最大经济效益。这种类型的系统使用多阶段固态组合去将热量和较高的运行温度与接下来的下游燃料电池相连接，避免了昂贵的热交换冷却程序（图 10.6）。此举可以减少

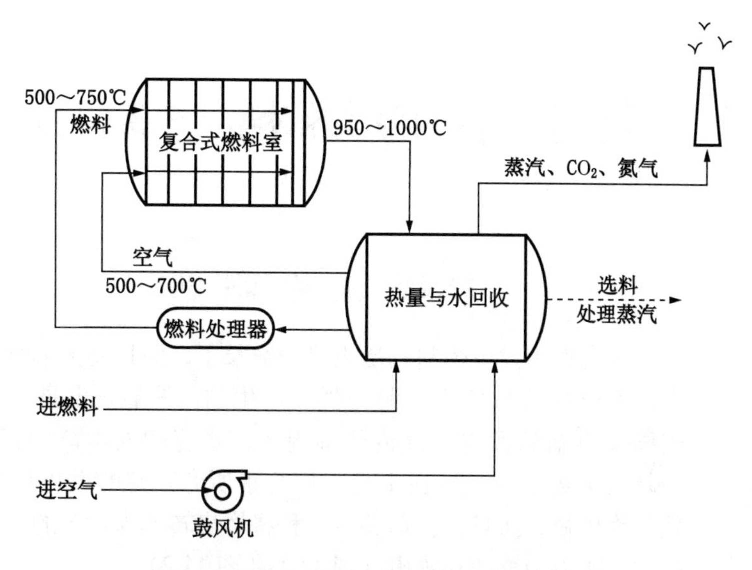

图 10.6　超级燃料电池发电厂的设计理念

热的需求量并提高热的结合，从而可使一座发电厂在使用天然气时，其效率达 82%。这种超级燃料电池 10 年的费用为 100 美元 /kW，比目前使用的发电系统的费用减少了 80%。

目前研发工作的目标在于降低燃料电池的生产费用。这一举措正在通过增加发电强度和输出以及提高生产技术来完成。生产过程中所使用的原材料也正在减少，将电池制作的更小更轻，以减少生产成本。燃料电池技术通常使用昂贵的电子配件与催化剂，所以研究人员正在努力工作，力图发现减少这些材料使用的方法。燃料电池的发电强度在过去的几年中明显地增加。高电力密度是重要的，尤其对那些移动式发电或输送电力的应用来说，在这些情况下，发电器材的大小与重量都必须尽可能地减少。

在发电厂中，将燃料电池与燃气轮机结合的潜力也正在研发之中。高温燃料电池与燃气轮机的结合能够将化石燃料转换为电能，其发电效率可达 70%。当今最好的燃气轮机的发电效率标准值才为 60%。

那些显示出未来可以降低生产成本的技术正在吸引着各种公司的兴趣与研究投资，从电力供应公司到汽车制造厂商，这将使燃料电池可能最终成为一种重要的发电方式，并占有相当大的市场份额。

11 竞争中的燃料与环境因素

11.1 发电燃料

煤炭作为发电燃料的历史已经很长了，而且还会继续保持下去，当今，发电量的50%以上是由燃煤产生的。核能发电是第二大来源，在美国没有新的发电厂建成的前提下，核能的发电能力已经达到17%。天然气为第三位，约占14%，但几乎所有新建的发电厂都表示要以天然气为燃料。而且，目前还有一种将燃煤转变为燃气的发展趋势，其余的发电能力为燃油和水电（图11.1和图11.2）。

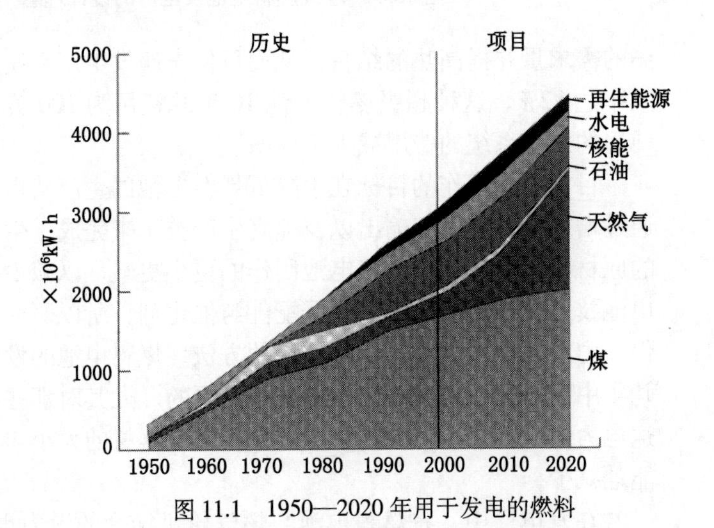

图11.1 1950—2020年用于发电的燃料

经济发展增加了总电力的消耗，而技术的进步却可制止这一消耗。通货膨胀与有效价值也影响着电力价格与使用方式。美国的能源消费效率中，存在着一种进行长期改革的趋势。对电力需求的增加是未来能源消耗预期稳步增长的主要原因（表11.1）。

公共事业部门与非公共事业部门对燃料的选择是非常不同的。在公共部门所发出的电力中，最大比重（57%）是以煤炭为燃料的，但非公共事业部门所发出的电力中，以天然气发电为主占52%，水利或以木材为燃料的发电厂的发电比例达到令人惊奇的14%，而公共电力部门，所占比例则不到1%。这些统计指出了非公共事业部门电力生产者们的机会特征，它们中的一些已经转向非常规的燃料，以获得较低价的发电能力。

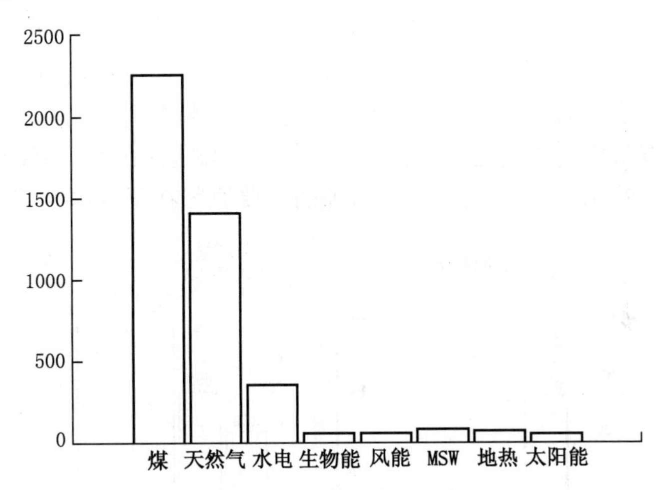

图 11.2 2020 年用于发电的燃料

表 11.1 美国能源需求

燃料	1996 年 ($\times 10^{12}$Btu)	1997 年 ($\times 10^{12}$Btu)	1998 年 ($\times 10^{12}$Btu)	1998 年占总能量的百分比（%）
石油	35864	36380	36830	40.1
天然气	22521	22500	22860	24.9
煤炭	20486	20840	21150	23.0
核能	7168	6910	7070	7.7
水利、其他	3933	4120	4020	4.4
总计	89972	90750	91930	100.0

注：资料来自《油气杂志》(Oil and Gas Journal)。

11.1.1 煤炭发电

煤炭是发电的主打燃料，因为它的使用历史悠久且价格低廉。从

20 世纪 80 年代早期以来，由发电厂所支付的煤炭的使用费用呈稳定下降的趋势。送给发电部门的平均真实的炭价在 1997 年下降至 23.27 美元 /t，从 1996 年以来下降了 3%，从 1987 年算起，下降了 39.2%。导致价格下降的因素有多种：包括工人的生产力增加，产品量的增加，从地下到地表开矿的生产技术的波动，以及新技术的应用等（图 11.3）。

美国煤炭生产在 1997 年创下了历史纪录，达到 10.09×10^8t。这是历史上第 4 个煤炭产量上亿吨的年份。同年，电力工业也创下了相应的煤炭消耗历史记录，在发电厂使用的煤炭超过 9×10^8t，比 1996 年的用量增加 2.7%。这一生产增加的主要原因在于美国西部煤矿的地表采煤

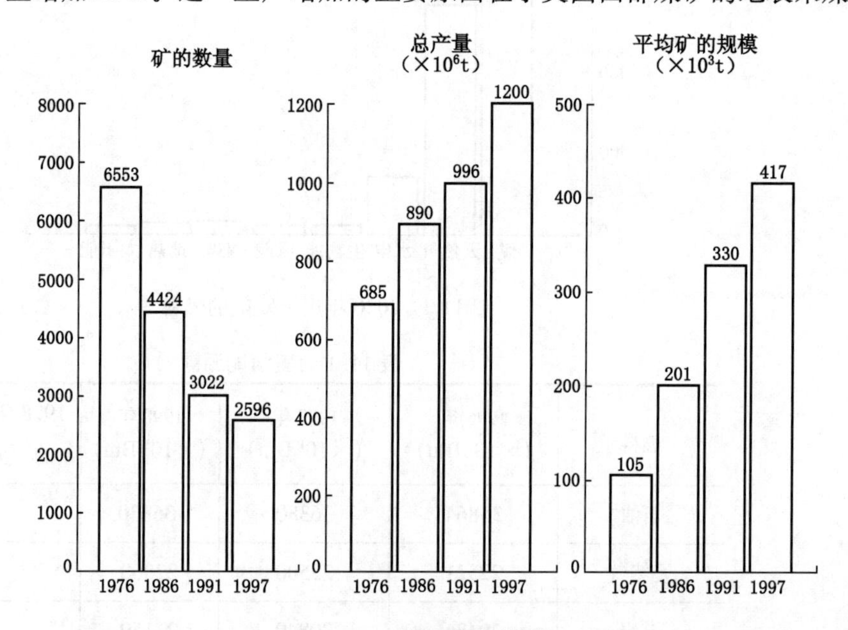

图 11.3　煤炭开采的统计

技术的提高，特别是位于怀俄明州的 Power 河盆地的低级煤炭的开采。而东部的煤炭生产依然保持稳定。在过去的 30 年中，一直稳定在 $5 \times 10^8 \sim 6 \times 10^8$t 的水平，西部的煤炭生产从 1970 年的不到 5×10^7t 一举增加到 1997 年的 5 亿多吨。Power 河盆地的煤炭生产成为这一增长的主力，市场上越来越多的公共事业部门或多或少地认识到了在各种锅炉系统中煤炭为燃料的经济与技术的可行性。公共事业部门还从西部的低硫煤炭获利，这种煤炭的使用使它们达到 1990 年制定的《清洁空气法修正案》所规定的 SO_2 排放标准。

煤炭的开采量在过去的 20 年中已经有明显的增加，从 1976 年的每

个矿工开采 1.78t/h 增加到 1996 年的 5.69t/h。产率在地表与地下开采之间存在着极大的差别。地表开采的开采率是地下开采率的两倍之多——可达每个矿工 9.26t/h，而地下开采率仅为每个矿工 3.58t/h。然而，值得注意的是，地面与地下的煤炭开采都发生了相似的产量大增，在过去的 20 年中，各自都增加了约 200%。

生产获利已经通过开采薄层煤，投入更大型的、更高产的采掘装备，以及通过地下挖掘机械的技术进步（比如竖井系统）而实现的。

在美国，以煤炭为燃料的发电厂依然是低成本的发电者。比如，Basoh 电力公司的 1650MW 的燃煤的 Laramie 河发电厂 1996 年的总生产费用为 8.49 美元 /（MW·h），在所有发电厂中高居榜首。然而，未来的发电燃料依然充满竞争与变数，这可能取决于关于环境的排放物的限定程度，尤其是 CO_2 的排放。如果对 CO_2 的限制程度提高，则除非排放物的处理方式得到了发展，否则燃煤发电厂是很难保持其在发电业中的优势的。

11.1.2 天然气发电

天然气正在成为美国发电业中的一个重要角色。高效的燃烧涡轮机和组合循环的进步与大范围普及已经对天然气的价格、可行性和分配造成了极大的压力。

在过去的 10 年中，美国国产天然气大幅度增加，以满足需求，到 1997 年达到了 $18.96\times10^{12}ft^3$，但依然赶不上需求量的快速增长，导致了同一时期天然气的进口增加量高达 200%。1985 年所消费的天然气中，进口量仅占 4.2%，而到了 1997 年，进口量就猛增至 12.8%。加拿大的天然气资源很容易就进口到美国的市场，相似的商业哲理，对所谓的商业活动都是可以理解的，但在进口问题上则略有区别。虽然，从墨西哥的进口量与最近从加拿大的进口量相比是微不足道的——前者为 $15\times10^9ft^3$，而后者则高达 $2880\times10^9ft^3$，墨西哥的天然气用量在增长，经济的发展、国际贸易的增长都可能导致未来美国从墨西哥天然气的进口量的增加（图 11.4）。

在过去的几十年中，美国天然气产量的增加导致了生产天然气井的数量大增，而且比单井的开采率的增幅更大。1997 年，开采气井的总数达到了 304000 口，在 1970 年，仅为 117000 口，但产量却下降了——从 1970 年的每口井的 $433.6\times10^3ft^3/d$ 下降到 1997 年的每口井

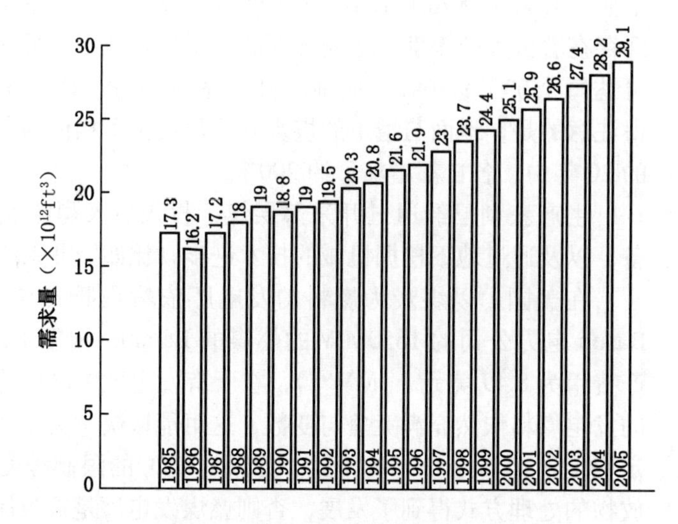

图 11.4　美国历史上的天然气需求量

$157.4\times10^3ft^3/d$。先进的科技，比如定向钻井，正广泛地被用来增加一些天然气井的产量，但是，为了满足需求，还需要钻更多的井，因为一些新钻的井的产量比不上以前的老井。

未来，以天然气为燃料发电的增长将取决于天然气价格的合理。虽然以往的预测认为天然气的资源量不能满足长期的需求，但天然气的产量有望到 2020 年一直保持着增长的势头，而且每年的储量增加都能满足当年的消费。由电力部门所支付的天然气价格在过去的几十年中保持着相对稳定，为 2.00 ~ 2.50 美元 /kft^3。这些价格促使发电厂主们和开发者们去增加以天然气为燃料的发电量并实施将天然气为燃料的发电技术。

对以天然气为燃料的发电选择的鼓励是高效的组合循环式发电设备的进步，它还具备有新型发电厂的资金耗费下降、建设周期短等优点，使用了最新燃气轮机的组合循环式发电设备的效率能够达到 60%，这样就减少了每千瓦时所需要的燃料，减少了发电的费用，而且，与燃煤相比，也减少了每千瓦时所产生的排放物。组合循环式发电目前的总费用为 400 ~ 500 美元 /kW，明显地低于那些新型的燃煤发电的费用——900 ~ 1000 美元 /kW。

燃气的组合循环式发电厂可能在两年之内实现运行—这远比那些具备竞争能力的、可以为短期缺电而建设的供电设备的建设速度快，而且还具有获得短期获利机会的优点。

11.1.3 核能发电

虽然由于水流的变化与核能具有的较高能量等因素，两者的比例关系会有所波动，核能与水力发电厂的发电量所占的百分比相似。核能发电量目前在美国约占 18%，水电约占 10%，核能与水力发电都面对着一个不可确定的未来（图 11.5）。

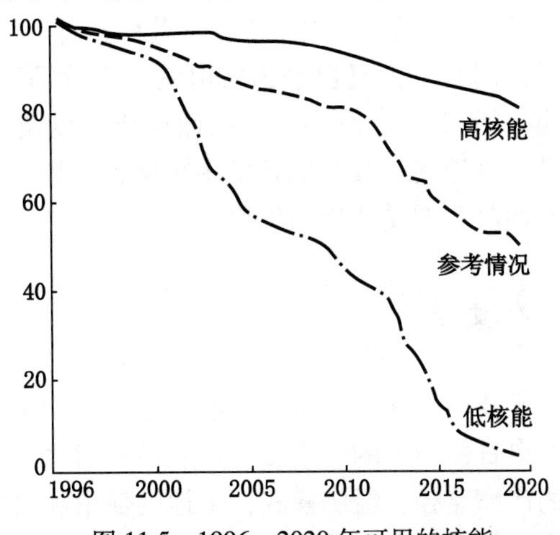

图 11.5 1996—2020 年可用的核能

可用的商业性核能发电装置于 1990 年达到高峰，为 112 套。自从 1978 年以来，再没有新的核能装置投产。在 1953—1997 年间，大约有 124 套核能装置订单，但在建造之前就都撤销了。那些核能装置依然在不断地减少，到 1997 年底，仅剩 107 套。有好几个核电站已经被永久性关闭了，包括位于伊利诺依州的超过 1000MW 的 Zion 发电厂和位于密执安州的已经有 30 年历史的巨石点（Big Rock Point）发电站，这两座核电厂都已达到了它们的使用寿命，或者似乎在环境保护方面其发电费用已经不具有竞争力。

然而，有意思的是，人们在对核能发电厂的可靠程度、发电能力以及所有发电厂的竞争力等方面的兴趣都增加了。比如弗吉尼亚发电厂的北安纳核电站在 1997 年的发电费用为 10.26 美元 / （MW·h）与美国最好的化石燃料发电厂相比，是有竞争力的。

解禁活动与开放竞争的最显著的意义之一就在于对核能发电的影响。GPU 核能公司于 1998 年将其所有的三里岛核电站的 1 号装置出售给 AmerGen 能源有限公司（PECO 能源公司与英国能源公司之间的合资公司）。这是在美国被出售的第一家在运行的核电站。AmerGen 公司认为，这一购买很强地说明——在电力的商业活动中，核电厂具有良好的竞争优势。许多核电厂也正在开始努力更新它们的运营范围，以求增强它们在未来 20 中的竞争力。而且，预计有 65 套核电设备在 2020 年前将达到退役的年限，这将会使美国的电力生产中核电的份额稳步地减少。

核电的一个最大的复杂问题是废弃物的处理。美国能源部于 1998 年 1 月通过了不再开放国家级核燃料储备库的最后期限，即使还有 16 年的过渡时期，而且已经为核电站运行管理工作支付了 140 多亿美元。1998 年 2 月 2 日，50 多个州的政府机构以及自治政府递交了诉讼反对能源部，以迫使其及时地开发燃料储备计划。个别公共事业部门正在跟随这股潮流并递交各自的诉讼。

11.1.4 水力发电

由于要重新注册许可证，水电也正在面临着一个不确定的未来。对水力发电日益增长的负面影响，以及它对水生生物的冲击、对鱼和蛙类动物的产卵路径、经济模式、土地的使用和娱乐的机会等的影响，已经使得水力发电要重新获得官方许可的机会大大少于汽车业的了。

在 1997 年，对水力发电的反对导致了一座正在进行水力发电的大坝电站被迫关闭，当时 FERC 表决通过了一项决议，要求该大坝的拥有者拆除设在缅因州的 3.5MW 的爱德华兹大坝。FERC 所提出的原因是允许多种鱼儿逆流而上迁移的社会价值要大于建筑大坝发电的经济价值。目前尚不清楚的是这一决定是否代表一个特例，或者是水力发电工业消亡的先兆。美国国家水利电力协会（NHA）认为 FERC 在爱德华兹大坝的事情已经有越权行为，所以力主 FERC 放弃这一未经授权的决议。NHA 引用“否定结局”的条款提出，如果这一决议成立，则 NHA 和其他工业协会组织相信，如果这一决议不废除，则它们在对 FERC 未来的决议的争辩中处于不利的位置。

此外，在 1987—1996 年间，经营许可证的办理费用表明对审查与改革的需求。1992 年 9 月，一份 DOE 的总结报告认为，水电立法系统已经花费了国家数十亿美元而且造成了国家超过 1000MW 发电能力的损失。一个关键性的改革行动就是建立一个简单的、具有规范水电项目权力的机构。由于近来大量的机构被卷入了经营许可证的办理，包括美国的渔业和野生动物服务组织、森林服务组织、国家海洋与大气协会、市场机构以及 FERC，所以要达成一致是非常困难的。FERC 已经建立了一种进行水力发电重新注册的转机制度，这种机制更具灵活性并鼓励那些希望出于经济和社会的考虑而加强环境关注的所有股票持有者们尽早加入。用任何所提出的法律条款来实施这一机制，对于缓解水电注册的争论将是十分重要的。

11.1.5 可再生能源发电

即使公众的关注增加了，除水电类技术之外的可再生资源的发展，以及它们在总发电量中所占的比重依然是相当少的。国家电力中仅有 2.3% 的发电量来自非水电类可再生能源发电，仅仅比 1989 年的 1.8% 上升了一点。可再生能源发电拓展其商业领域的主要障碍是与常规的发电形式相比，可再生能源发电的费用过高。这就导致可再生能源发电的历史短，而且所设的发电装置也少（这种将置的费用近来因大批量生产而有所下降）。

在美国境内，正在开展（或者正在开发的）的“绿色发电”项目可能会促进非水力发电的大发展。在这些项目中，公共事业部门的用户们可能为他们每月的电费支付一笔额外的开支，这笔开支主要为以可再生能源为基础的发电转变形式，或者为保证以可再生能源为基础的发电将被用于代替由化石燃料与核能的发电而支付的。在大量的选举投票中，美国的用户们表现出为绿色发电额外付款的强烈愿望。此外，在一次投票中，超过 70% 的代表支持增加能源税，因为这些能源的使用会污染环境，而且利用这些款项减少职工的工资税。代表们还支持对污染空气和水的设施收税，支持征收这种环境的“过失税”的人数甚至略多于支持对烟卷和烈性酒征税的人。

绿色发电项目并不仅仅由州立的公共事业部门进行开发，这些部门实质上的竞争已经展开（加利福尼亚州）或者即将展开（马萨诸塞州和宾夕法尼亚州），但在一些州中关于解禁的法令和开放竞争依然尚未开展（科罗拉多州和得克萨斯州）。美国全国范围内的公共事业部门已经认识到，绿色发电项目能够增加收入和支持可再生能源发电厂的重大投资项目，并提供一些非传统性发电方式的经验。

证书项目也为即将发出的电力贴上“绿色发电”的标签提供保证。在加利福尼亚州的一个非赢利性组织——“资源评价中心”是负责监督

“绿色—e”的帖标签任务，这是一种为值得信赖的绿色能源标记和做广告而制定统一标准的义务性工业组织。“绿色—e”的首创精神就在于通过独立的第三方证据去保证至少有一半的绿色电力产品是可再生的——它对空气污染的比例要低于加利福尼亚目前所使用的能源所产生的任何污染的平均值。

另外一种促进可再生能源发电兴盛的工具是联邦的税收信用制度。目前设定为 0.015 美元 / (kW·h)，这些信用能够使可再生能源发电具备与常规发电厂一样的竞争力。也许在这些信用中的最大受益者就是风力涡轮发电项目，项目的资金花费也降到一定水平，0.015 美元 / (kW·h) 的电价信用使它们极具商业竞争力。美国风力协会提出一项 5 年规划，将这笔税收款投入到更多的可再生能源发电能力中，使其在美国的能源界中有立足之地。

11.1.6 未来发电预测

电力的需求在过去的几十年中已经变缓，已经从 20 世纪 60 年代的每年 7% 的极高的增长率降了下来。根据能源信息管理部门的年度能源展望报告，到 2020 年，预计电力需求增长率仅略高于每年 1%。增长率的这种减少归因于设备的较高效率、公共事业部门对需求量的管理规划以及立法所要求的更高的效率（图 11.6）。

虽然对电力的需求增长缓慢，但到 2020 年依然将需要新增 403GW 发电量，以保证需求量的增加并替换退役的设备。在 1996—2020 年间，目前所用中的 52GW 核能发电和 73GW 化石燃料—蒸汽发电设施将被淘汰。85% 的新增发电量是以天然气或天然气与石油为燃料的组合式循环的或燃烧涡轮机技术而设计的。还有 49GW 的发电量，或者说 12% 的新增发电量是由燃煤所发出的，剩下的是由可再生能源发电所产生的。即使强调了将天然气和石油用于新的发电厂，但到了 2020 年煤炭将依然是主要的发电燃料，虽然燃煤的发电量到了 2020 年预计会下降到 49%，以天然气为燃料的发电将会出现极大的增加，到 2020 年，将会从 1997 年的 14% 成倍地增加到 33%（图 11.7）。

根据 EIA 的预测，可再生能源发电，包括水力发电，仅仅可能有小幅度的增加，从 1996 年的 4330×10^{8}kW·h 增加到 2020 年的 4360×10^{8}kW·h。几乎所有的增长都来自于可再生能源发电而不是水力发电，常规的水力发电中的下降会被非水力可再生能源发电 34% 的

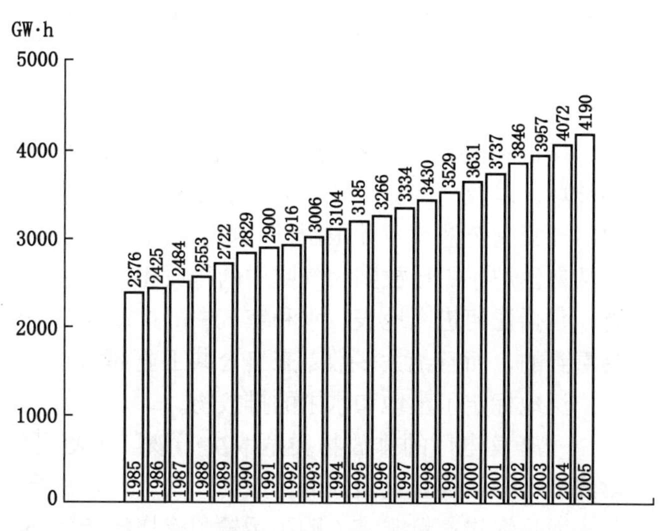

图 11.6　历史电力需求

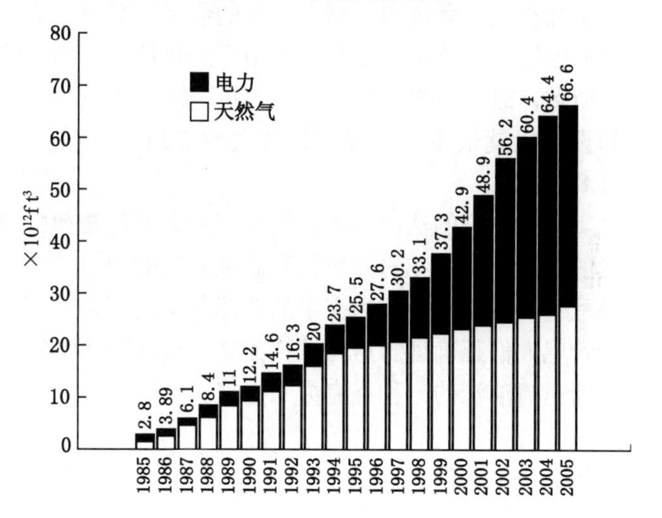

图 11.7　非传统天然气发电与电力的需求量

增长率所弥补。多种来源的固体废料（包括垃圾废气）、风和生物质能将成为可再生能源发电增长的主体。

11.2　环境因素

在过去的几十年或近期以来，环境立法的数量和范围已经从区域发展到全球性应用。这种发展所伴随的是监控、分析、文件、报告的需求以及对各种因素整体范围的统一。电力公共事业部门已经证明了为遵守法律限定所做出的承诺，但是必须准备服从一些肯定会出现的额外的强制性法规。

排放物是绝大多数公共部门最关心的。全球变暖的恐惧、臭氧层的破坏，以及一些新近产生的环境因素，比如酸雨，正在促使世界各国政府加紧制定法律条款限制排放物。所制定的条款涉及面很广，包括任何从自然炉子中排放到大气圈中的排放物，但它实际上是指所有的排放物，包括任何进入地表、水和空气中的排放物。空气中的排放物是更容易看到的，而且绝大多数是来自公共工业部门的污染排放物，但法律上也广泛地标定了土地和水中的排放物。

一座发电厂的排放物类型取决于该厂所使用的燃料。在所使用的常规燃料中，煤炭是最大的排放物产生者，它也是用得最普遍的发电燃料，而且煤炭产量丰富，购买运输和燃烧的费用都相对便宜，这些都是使用煤炭的显著优点。然而，它的经济效益正在受到《清洁空气法修正案》的制约，该法案限制了发电厂的排放物。由于绝大部分排放物是燃煤所致，故以煤炭为燃料的发电厂需要使用符合法律规定的减少排放物的设备也就最多。这样，就大大地增加了以煤炭作为燃料的费用（图11.8）。

联邦政府的法律条文并不仅仅意味着对法律的解读，而是一些新颁发的、需要企业花时间执行和高度关注的内容。所包含的各种所引起的混乱、误传，以及作为文字的法律条文的复杂性正在被认识到，而且政府希望人们正确理解这些法律条文，废除对不遵守条文者的罚金的做法是加速清洁法的一种强有力的措施。

11.2.1 SO_2 与 NO_x 的排放

1990 年，公共事业部门成功地编纂了《清洁空气法修正案》的 IV−1 阶段法令。美国环境保护局（EPA）的酸雨规划减少约 40% 的 SO_2 与 NO_x 排放物，这已经低于法律所规定的标准。据 EPA 报道，所有 445 家工厂已经 100% 的达到了控制这两种排放物的要求。这些结果是在法案 IV−SO_2 条款颁布两年后和 IV−NO_x 条款颁布的第一年中获得的。

这些排放物减少的重大意义是由多种统计得出的。到 2010 年，在现有的 IV 条款法律的限制下，美国的 SO_2 排放量将会达到近 100 年来的最低水平。1995 年，由所有发电工业所产生的每发 1kW·h 电所排放

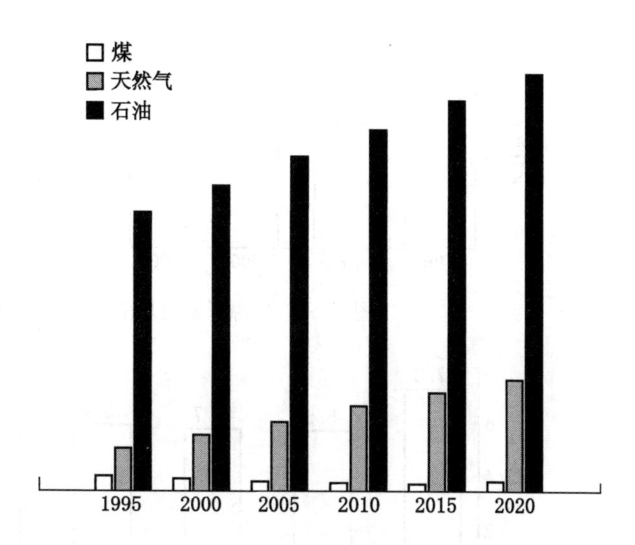

图 11.8　发电厂碳排放物的历史与预测量

出的 SO_2 的量比 1970 年降低了 65%。到 2000 年，在现有的 IV 条款法律约束下，NO_x 排放物将会减少 200×10^4t。1995 年，由所有发电厂所产生的每发 1kW·h 电所排放出的 NO_x 的量比 1970 年的降低 35%。

阶段 2 于 2000 年开始实施，这时阶段 1 所限定的排放 SO_2 的发电厂被削减并限制，仅保留 1000 家发电厂的 2500 个锅炉。随着一系列限制措施的实施，定时补贴的银行资助项目使排放物从 1995 年的 1160×10^4t 减少到 2000 年的 1020×10^4t。根据 CAAA 的要求，SO_2 排放量还应继续减少，达到每年 895×10^4t 的规定。一旦使用了银行信用证，就可能需要用湿式除尘器的改进型来达到这一标准（图 11.9）。

NO_x 排放物减少的规划包括两个阶段，阶段 1（1996—1999 年），通过使用可行的控制技术应用于干燥—底部管壁点火和水平燃烧式锅炉（第一组）。阶段 2 强调对阶段 1 中的大型的、排放量较高的发电厂每年排放物的限制，同时还对以煤、石油和天然气为燃料的小型的、较清洁的发电厂排放物做出了限制。已经提出的阶段 2 减少方案将实现每年再减少 82×10^4t NO_x 排放物的计划（总体上，每年减少 150×10^4t NO_x 排放物）。按照当今的法律，虽然 NO_x 排放物有望在 1995—2000 年间有所减少，但预计到 2020 年由于煤炭的使用，还会有近 70×10^4t 新增的 NO_x 排放物（图 11.10）。

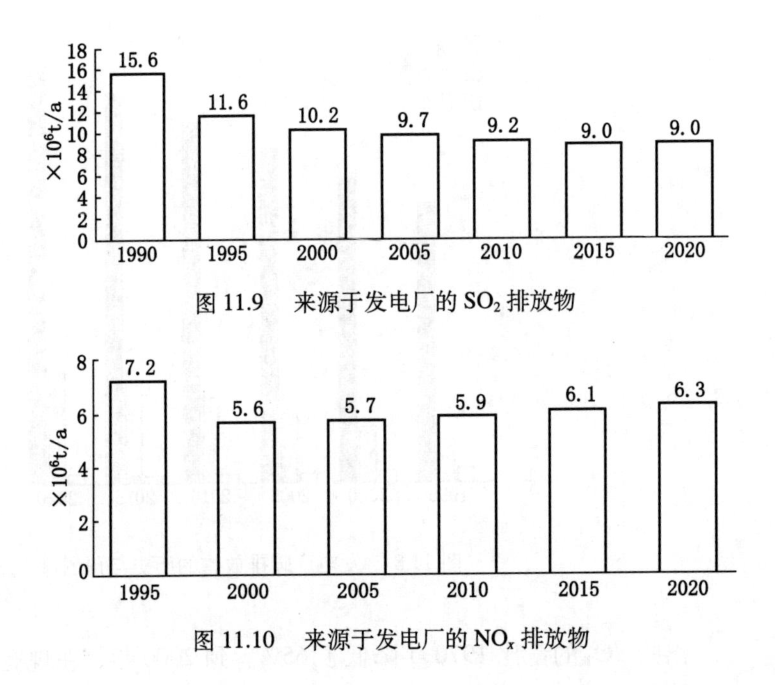

图 11.9 来源于发电厂的 SO_2 排放物

图 11.10 来源于发电厂的 NO_x 排放物

11.2.2 臭氧层与微细颗粒物

根据美国周边空气质量标准（NAAQS）方案，EPA 于 1997 年提出了关于臭氧层与微细颗粒物（PM）的限制和 SO_2 与 NO_x 排放物的标准。这一新标准已于 2005 年生效，导致除美国之外的许多国设计关于臭氧层或微细颗粒物，或者二者兼而有之的未完成区带。所提出的关于臭氧层的标准增加了一个针对已经存在的 1 小时限制标准的 8 小时的集中限制标准，而且第一次实施的 PM 标准包括对可能出现在空气中的微细颗粒（直径小于 2.5 μm 的颗粒，PM2.5）的限制。

关于臭氧层的标准还有一些争议，因为关于标定“臭氧迁移”还有一些不确定性。当排放物从一个地区顺风移动以及臭氧前驱波与当地的排放物混合时，就会发生臭氧迁移，此刻，会在下风处发生明显的臭氧集中，比如美国东北部的各州会接收来自设在俄亥俄峡谷和中西部诸州发电厂的迁移物，就会导致那里的臭氧超标。

1997 年，EPA 提出到 2003 夏季，密西西比河以东的 22 个州中，NO_x 的排放量减少 85%，以增加那里的臭氧层浓度。这些减少通过州里对这些法律条款的计划（SIPs）的实施而实现。EPA 主张这一举措减少了迁移到美国东北部的污染物的总量。

建设性空气政策联合会（ACAP）与电力供应协会（EPSA）已给针对EPA的要求提出了反对意见。他们认为，EPA出色地理解了所提方案的经济冲击作用，而且某些特殊的规定可能会由于对更为清洁燃料发电厂的禁令而被违反。ACAP还第四次提交了关于逐渐地减少NO_x的方案，该方案提供一套较小型的但意义重大的减少NO_x的计划，它给科学家们以更多的时间去检测臭氧的迁移。

PM2.5的诸标准对最细微的颗粒也进行了限制，所以发电厂也会有麻烦。对于发电厂家来说，其关键点在于所涉及的细微颗粒——绝大部分PM2.5标准所确定的是在烟囱的下风处排放的硝酸盐和硫酸盐的颗粒物。换言之，所有的颗粒物控制装置正在有效地控制这些主要的微细颗粒物。它们的唯一弱点是“次要的”颗粒物质。根据研究调查的结果，公布微细颗粒与人类健康，以及PM2.5的光度（如SO_2和NO_x）的关系。

EPA将在未来几年中在国家周边地区安装1500台监测器以收集数据，包括四周的微细颗粒物质的特征和量的信息。关于臭氧层和颗粒物质NAAQS已经完成，所以来自这些监测器的数据将能够起到指导性作用，而且对NAAQS下一步日常事务产生冲击，这是《清洁空气法修正案》每五年所要求的。

11.2.3　汞污染

EPA于1997年后期向美国国会提交了一份长期期待的公共事业部门空气毒物报告，认为虽然在所分析的结果中含有不确定性，但平衡起来，来自公共事业部门煤燃烧所产生的汞是有害的空气污染物中对人类健康最大的危险物。其他一些将受到人们关注的毒物（而且是尚未确定的，需要进一步研究的）包括二氧化物、As_2O_3和Ni。EPA指出，公共部门的燃烧煤炭与复合型废物焚化炉所排出的汞浓度最大。

当我们的星球形成时，就有相似量的汞存在了，在自然营力和人为因素的作用下汞发生了运移。人类活动（指将大量的汞排放到空气中的行为）是燃烧含汞的燃料与其他物质，以及工业加工过程。汞最终将会从空气中沉淀到水体和土地中去。

人体内的汞主要来自食用被汞污染的鱼类。虽然已经确认汞在人体内聚集会对神经造成较大伤害，但是关于汞对人体所造成伤害的最低水平还颇有争议。EPA 宣布，汞是鱼类体内最常见的聚集物，大约有 60% 的水生生物体内发现了汞。而且含汞的生物在 1995—1996 年增加了 28%。

即使尚未发现工业汞排放物与人类健康之间的直接关系，而且目前尚未找到对燃煤发电厂的汞排放物的相关控制技术，EPA 依然有一个良好的机会在不远的将来限制汞的排放。实际上，来自环境保护主义者的抱怨——包括健康的影响，如致命的威胁、学习能力的缺陷以及记忆力的丧失——这些促使 EPA 要求田纳西峡谷的管理部门去检测设在那里的 11 座燃煤发电厂的汞排放物。

EPA 最近还要求监测 400 多座燃煤发电厂（其发电能力都在 25MW 以上）的煤样品。这些发电厂每周报告一次监测数据，连续上报一年，这将能使 EPA 确定它们的汞排放物是否应该控制在 CAAA 之下。EPA 估计对这些煤的监测费用为每套设备 23000 美元。EPA 还计划随机地选择 30 座发电厂，按季度检测其烟囱的排放物，以确定它们汞排放物的特征和量，这项检测的费用预计为每套设备 167000 美元。

汞排放物的控制对各公共事业部门都是一种挑战，因为一旦这种化学元素被收集到了，它的易挥发性就有可能发生再次排放。对来源于复杂的下水道污泥和土地与地表物质汞的排放物的测量确定了这一特性。汞本身的特性就是具有这种再次挥发的危险性。以元素形式存在的汞的挥发性更强，使得汞在第一地点收集的目的无法实现。

11.2.4 温室气体的排放

目前，人们对环境的最大关注莫过于温室气体的排放了。“全球气候变化”在 1997 年 12 月已成为人们耳熟能详的词，当时，许多国家的政府为《联合国气候变化框架公约》签署了《京都议定书》，旨在全球范围内减少 CO_2 的排放。

温室气体，在京都会议上特别强调是特指 CO_2。这包括所谓的第一约定时间——五年间的排放量要达到基准年 1990 年的 CO_2 平均排放量的 55%（美国的排放量就达到 1990 年基准年的 34%）。如果签署，则此草案就具有法律效益，所有签署了第一约定时间的国家都应减少温室气体的排放，到 2008—2012 年间至少应减少到基准年 1990 年水平的 5% 之下。将目标确定减少至基准年 1990 年的排放量之下的国家有：美国 7%，欧盟 8%，俄联邦 0。

《京都议定书》中所涉及的全美境内的分支机构对此还远未清楚，而且国会似乎还不打算签署。此外，爱迪生电力研究所（EEI）指出，该草案与1997年7月全体通过的上议院98决议申请的两项标准不符，表现为：

（1）任何适用于发达国家的所指定新温室气体限制的协议，也必须在相同的遵守时期内有责任为发展中国家指定新的温室气体限制条款。作为草案的新条款，那些发展中国家并不拥有这一责任，而且发达国家承担了绝大部分重任。1996年，美国、俄罗斯和中国生产的能源占到全世界的40%，三国所消耗的能源占全世界的42%。根据EIA的报告，中国——这个最大的发展中国家所排放的温室气体到2015年将超过美国。巴西、印度、印度尼西亚、韩国和墨西哥都是美国的主要商业竞争国，它们也应为温室气体的排放承担责任。

（2）任何协议都不得给美国的经济造成严重的损害。美国将不得不把其到2010年减少近30%的温室气体排放量达到所要求的7%。克林顿的管理部门预计要达到江排放量减少到1990的排放量之下，则电力部门在2010年将花费300亿美元，到2020年的花费将高达520亿美元。

由WEFA的资源数据国际（Resource Data International）公司和CONSAD研究公司所完成的研究都支持由EEI所提出的观点：如果没有能源价格大幅度上涨、大量的失业，以及按照美国的生活标准发生重大改变的话，要落实《京都议定书》的条款是不可能的。根据CONSAD的研究，美国的劳动力到2010年将可能减少310万个工人。

1996年，美国的发电厂排出了26×10^8多吨的CO_2，来源于80～20家公共事业部门和非公共事业部门的发电厂。所生成的绝大多数是CO_2——大约73%以上的来自燃煤的发电厂，另外15%来源于以燃气发电厂，其余的来源于以燃油发电厂和使用其他燃料的设施（图11.11）。

美国的人口占世界总人口的5%，但在世界CO_2总排放量中，美国的排放量却达到了20%。然而，如上所述，美国在全球排放的温室气体总量中所占的比重将很快下降——一些发展中国家——特别是印度和中国有着大量使用化石燃料的发电厂，来满足他们的用电需求。

有多种方法可以减少CO_2的排放量，包括提高效率和俘获隔离CO_2。虽然通过使用更为清洁的天然气和燃气轮机发电厂的效率正在提高，但是这种高效不能弥补由于用电需求的增加而不断建造的发电厂所

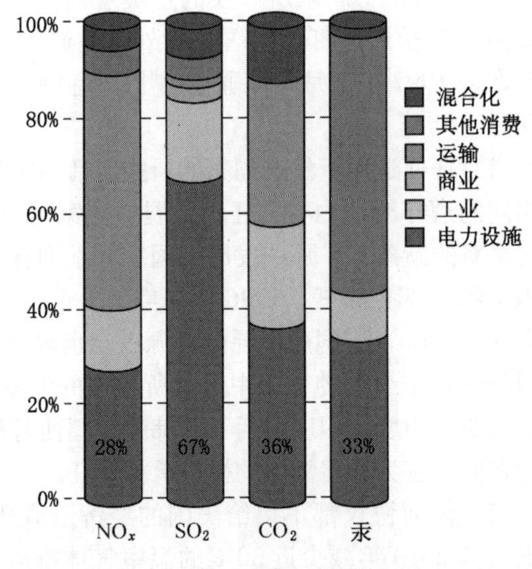

图 11.11　主要排放物的来源

带来的 CO_2 的排放量的增加。所以人们正在对 CO_2 的隔离与处理进行着非常详细的研究。人们对深海、深湖泊、枯竭了的气藏，以及枯竭了的油藏正在进行检测，以了解它们储存 CO_2 的潜力。人们还正对所需要的技术和将 CO_2 输送到别的地方所需费用进行调查。美国能源部也在资助那些可能长期解决问题的隔离碳的项目。

根据最近的 EIA 数据，美国可能需要有大幅度的能源涨价，以达到《京都议定书》所要求的减少温室气体排放的要求。EIA 总结到：《京都议定书》条款的费用将取决于所允许排放的数量——这些可以在国际市场上购买到，这些项目有助于减少排放物或在其他国家投资。这些努力可以通过减少与能源相关的碳排放来减少所需的费用。

11.2.5　毒物释放备忘录

毒物释放备忘录（TRI）是由 EPA 构建的一种数据库，用来协助紧急反应队伍——这是对泄漏做出快速反应而组建的一些队伍，并鼓励工业自愿减少排放物。该数据库含有来自所设定的工厂的特殊有毒化学物质的释放、减少与循环的信息。1997 年，该数据库新增了以煤和石油为燃料的发电厂，因为 TRI 中的化学物质是由发电过程所产生的。天然气发电与核能发电未被列入。

从 1998 年开始，受此数据库监控的发电厂必须汇报其排放到大气、水体或土地中的化学物质。这些报告将涵盖每个或相关的多重功能的工厂；烟灰的沉淀点也包括在受影响的地域内。那些没有报道的工厂将会被处以 25000 美元 / 天的罚款。公共事业工业通常会推翻这一规定的，因为它将会产生一些额外费用，该工业相信它在近年来已经成功地说服了 EPA——发电厂的废气（尤其是烟灰）是无危险而稳定的。

公共事业工业因为它大量用水也受《清洁水法》（CWA）的管制。根据 EPA 报道，美国的电力部门所用的水量中，92% 以上是用于冷却的。CWA 制定了关于冷却水的发展法规，以保护鱼类和其他水生生物。从 1998 年开始，所有的蒸汽机发电厂都按照 EPA 的要求完成调查数据的上报。根据这些结果，一些发电厂将需要把它们对鱼类群落所造成的负面影响做出定量的评估。

12 商业化发电

仅仅在几年时间里，商业化发电厂就已成为电工业中最前卫的企业类型了。商业化发电厂目前已遍布工业领域内，而且它们将会出现在那种停滞不前的领域中，商业化发电厂是没有长期购买合同的发电厂。几乎所有的商业化发电厂都是以天然气为燃料的，其中许多正在由天然气公司修建或者由电力公司与他们的合作伙伴建造。许多所谓的商业化发电厂实际上并不是商业化的，它们只拥有自己所发出的电的一部分合同，而并没有全部电力的合同。那些仅拥有自己合同的商业化发电厂称为稳定的商业化发电厂。

商业化发电厂目前已在世界上多个国家运营了，那些国家的电力市场已经完全处于竞争状态的、发电与销售全无禁令。商业化发电在未来可能会大有发展，因为我们正处在全球都将公共事业部门私有化的大环境中，所以合理的电力价格需要低花费的快速有效并且高效的发电厂。

商业化发电厂是机遇与风险并存——机遇是指可以利用市场在燃料与电价波动的优势而获得更多的利润；风险则指发电厂在当地没有销售合同的情况恢复价格的能力。在一个相对短的时期内——可能是10年或更短时间，这种商业化发电厂在某些国家里就会成为一种时尚，似乎所有的发电厂都代表着“商业化”的能力。

虽然一些国家已有了商业化发电的市场，有些还相当发达——世界上再也没有像美国有这么多的此类发电厂。随着美国电力工业的继续解禁，独立的电力生产者们、不受法律约束的公共事业部门、冒险的资本家们以及电力经销商业都认识到与那些发电厂联合而获利的可能性，而这些发电厂能够对有利的市场条件做出有效而迅速的反应。

商业化发电厂能够通过各种机制产生。第一种机制是现有的发电能力可以转换为商业能力。发电资产的剥夺主要发生在加利福尼亚州和美国东北部，正在释放商业化发电的强大能力。在美国具有80GW发电能力的发电厂有300多个，他们已经被拍卖或将要被出售。其中绝大多数将要被转化为商业发电资产。比如，在加利福尼亚的3家投资者拥有的公共事业部门，成为该州解禁规定的一个部门，正在出售15GW多的发电量。发电厂的重新发电是将已存在的发电能力转向商业化的另一种方式。所增加的发电量常常能够以较低的价格生产，而且要比新建的发电厂效率高。

第二种商业化发电厂的机制是将通过《公共事业管制政策法》而产生的合格的设施按它现有的购买协议买下来，这些设施无需合同，如果它们在发电方面具有竞争力的话，就能为当地的电力批发市场售电。

第三种也是目前已经大量存在的商业化发电机制是新建发电厂。虽然审批工作是复杂而昂贵的，但这类新建的发电厂能够发展出适应时代的发电厂类型，使其成为一个给定地区唯一的能源供应者，例如相邻的工业化设施可能使用一部分商业化发电厂的输出的蒸汽和电力，而剩余的电力则可销往输电网。

目前，在美国大约有25GW以上的商业性发电量处于正在运行、再建、待发展，或者在设计中。毫无疑问，商业性发电的试验量和公众的兴趣已经导致了下列州和地区出现了史无前例的电价高涨现象：加利福尼亚州、马萨诸塞州、罗德岛、康涅狄格州、纽约。得克萨斯州虽然拥有相对较低的电价，但由于许多工业设施已经能够使用那些商业化发电厂输出的蒸汽或者电力，所以实际上也拥有了商业化的温床（图12.1）。

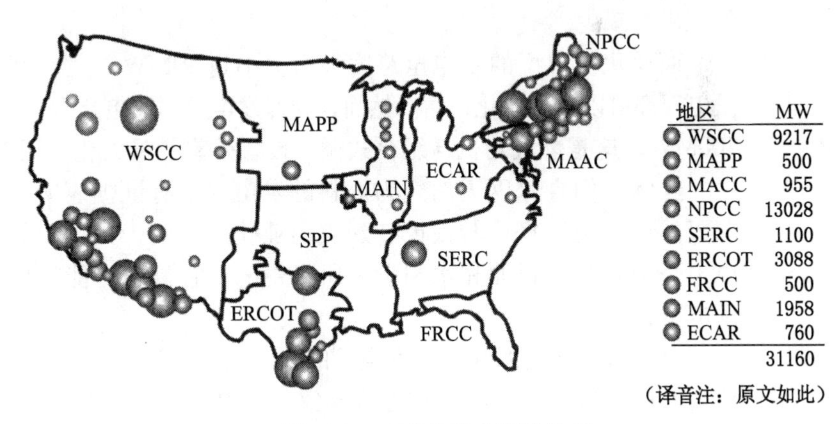

图12.1 商业化发电厂的分布

12.1 燃气商业化发电

商业化发电量——包括已有的、转换过来的设施和新建的——都是以天然气为燃料的，往往是组合式循环装置。目前，设计再建的发电厂中大约有90%是以天然气为燃料的。由于它们的安装费用低、建设时间短，而且效率要高于燃煤和燃油的装置，所以燃气轮机是适用于商业化发电的合理选择。以天然气为燃料的发电厂还具有明显的操作灵活性，能够为基础负载、高峰供电和连续供电提供良好性价比的电力。按照目前的工艺水平，天然气组合式循环涡轮机的总费用（包括资本回收的费用）为 30 ～ 40 美元 /（MW·h），一般是 15 ～ 25 美元 /（MW·h）。在美国的一些地区［指那些已存在的、发电费用超过 40 美元 /（MW·h）的地方］商业化发电厂的建设与运营从经济角度讲是可行的。

新的“绿色环保”型商业化发电厂将会从先进的燃气轮机技术中大大获益。世界主导的燃气轮机制造商们目前已经能够开发出中型燃气轮机——它可以提供组合式循环设备，其效率接近 60%，按照美国能源所的“先进涡轮机系统方案”，下一步的燃气轮机组合式循环设备将实现效率超过 60% 的目标。他们的高效率就可以减少能源的需求，降低各种能源的费用，也就会使每台设备的排放物大大减少。这对于实现 1997 年后期制定的《京都议定书》中所要求的减少潜在的 CO_2 排放物是具有特殊意义的。随着发电厂效率的提高，CO_2 的排放量就会相应的减少。其他一些排放物将通过先进的科技（如低 NO_x 炉和催化燃烧）的应用而减少。

商业化发电厂的发电量跨度很大。小到 40MW，大到 1000MW 的发电厂都可以按商业化运营。然而，新建发电厂的发电能力一般为 250 ～ 400MW，这是燃气轮机与组合式循环设备效率的最大化（图 12.2）。

虽然人们青睐以天然气为燃料的发电，但有证据表明，也有一些非天然气发电厂将被转换或者建成商业化运作的形式。比如，大量的电力是由煤炭、石油和水利设施所产生的，它们也可能被用于商业化发电装置。

由于所有新建的商业化发电厂的在建或正在设计中，所以一些观点认为这样大量的新生电力有可能导致市场电价下跌或者是发电厂亏损。资源数据国际股份有限公司［Resource Data International（RDI）］，评估了新英格兰电力市场是否具有商业化的能力。假设到了 2000 年 7 月，市场上的电价平均约为 9 美元 /（MW·h），这个价格要高于没有新建的商业化发电厂的市场价格。据此分析，如果所有涉及的商业化发电厂都在当地建成，那么市场电价可能会低于新建发电厂达到经济效益 30 ～ 40 美元 /（MW·h）门限。

图 12.2 位于得克萨斯州中—西南部的 330MW Sweeny 热电联产厂，是第一座以商业化为目的而建的发电厂。它于 1997 年后期投产。获得 1998 年电力工程“年度设计”大奖

12.2 国际化展望

在美国境外的商业化发电厂的发展主要集中在那些发电工业已经私有化的或者已经开始解禁了的国家中。随着政府对发电、输送电和配电的完全控制到放权，一些独立的电力生产者们就能够通过使用商业化的发电厂所提供的机遇实现自己发电的目的。英国、阿根廷、智利、哥伦比亚、秘鲁、挪威、澳大利亚和加拿大等国正在显现出实施一些商业化发电厂进程的端倪。

在英国，随着始于 20 世纪 90 年代初期的公共事业部门的解禁举措，以天然气为动力的发电设施已遍及全国，大批燃气轮机的组合式循环发电厂建成或正在设计中，每座此类发电厂都将并入英国的商业化发电网中。然而，1997 年后期宣布，以后不再新增建设以天然气为燃料的发电厂，这可能是英国商业化发电厂所增加的阵痛的一个标志。

许多国家也正在逐步为商业化发电厂的运营敞开大门。政府拥有的发电厂的私有化、开放的投资政策——这些举措都促进国外资本对发电厂的拥有比重，这也是目前这些国家所考虑得最多的举措。比如，欧盟

就计划到1999年将自己25%的电力市场投向商业化开发，此举将促进商业化发电厂的发展。欧盟各国电力工业的联合也将增加商业化发电厂的比重。

12.3 风险与利益

一座商业化发电厂的显著特征就在于它的风险性。这种发电厂没有长期的电力销售合同，所以它必须以输电网所要求的低成本出售自己所生产的电量，而依然进行投资利用、资本回收和盈利，由于它们独有的特性，这大多数商业化的经济资助是来自大批现金持有的开发商家的大量投资，由那些敢于面对风险的资本家和银行的经济资助。对商业化发电厂的投资达到了50%，相比之下，对那些常规的、独立的发电厂的投资则仅为20%。

随着商业化发电市场的成熟，越来越多的第三方正在考虑投资，预计将可获得15% ~ 20%的回报。各种投资公司、研究机构的投资者以及个人所属的工厂都计划为商业化项目投资。

一座商业化发电厂要获得成功，有效的风险管理就成为基本要素。风险化解的协议取决于投资者们的容忍度，但是对于每种类型的投资者都有一些化解的方法。一种明显的化解工具是市场扩展。并不是所有的商业化发电厂都是“纯”商业化的——其中没有一家发电厂的电力输出是以合同方式进行的——这类发电厂可以以一种混合或危机时刻可以依靠的商业而建成，一些发电厂的电力输出可以进入当地电网或输给当地的工业用户，剩余的电力可以免费的投放到“货到付款式”市场中去。

商业化发电厂发展所面临的主要风险包括法律与规章制度方面的风险、燃料市场上的风险、电力市场上的风险、发电厂运营的风险，以及经济结构的风险。为了给接收经济资助提供更好的机会，商业化的方案必须化解这些风险。法律方面的风险来自于电力工业中对解禁举措连续不断地反复。商业化发电设施通常安装在那些立法者受到用户们欢迎而且电力工业具有竞争力的地方。如果解禁举措能够按照清晰的方式得到落实，而且如果参与的各方理解这种市场所提出法律规章，则将有助于减少风险。其他一些针对商业化发电厂的法律风险是用来解决花费的不确定性的问题。那些拥有高生产费用发电厂的公共事业部门正在寻找有助于他们的发电竞争能力的额外途径，但似乎这些部门并没有接受有助于它们解决困难的帮助。FERC的第888条法令提出了一些部分针对公共事业部门化解风险的努力，但是所增加的努力的主要形式来自于批发的用户们——他们将为改变了的供电者们付费。那些能够避开这些输送费用的商业化发电厂就将在竞争中处于有利的地位。

电力市场的风险来自于预测的增长。商业化提供者们必须评价“总”的发电与输送能力——这些能力将如何定价以及自己的新电厂将如何适应市场。

燃料风险对于发电厂来说是最大的单项风险，而且商业化发电厂可能有驾驭燃料供应与价格风险的能力，这对企业成功是非常重要的。如果燃料价格自动上升，而且他们与那些拥有长期的、低价燃料合同的发电厂进行竞争的话，那些没有燃料供应与定价合同的商业化发电厂就将面对风险。在高峰的电力定价时期，这类发电厂就可能会经受不能接受到适合量燃料的风险。燃料的合同对于平息商业化发电厂燃料风险是关键因素。套头交易（指为避免损失而买进现货卖出期货，反之亦然）能够被用来提供一种灵活性以保障此类发电厂应对价格的冲击。

如今的发电厂都是被高科技驱动运营的，这种技术具有推进与滞后两种功能。对于这些厂来说，重要的在于有效地运行，保持无故障和无过多的因机械故障而造成的停工检修。使用新开发的燃气轮机发电厂将需要长期的有设备保障，这个保障期要长于制造商在提供标准的一年期。也可能需要保障其他的设备，以保证其运行能力。

开发商们关心的是有利可图的电力市场和保持其销售量。电力工业的领导者们预计，商业化发电设施的投资需求将会增加——将会占到其总投资量的40% ~ 50%。典型的，具有一个长期电力购买合同的独立的发电项目的设备投资将仅仅占总投资的20%。

1998年10月，休斯敦工业公司与Sewpra能源公司宣布完成了对EI Dorado能源项目的资助，这是位于内华达州的博得（Boulder）市的一座492MW以天然气为燃料的发电厂。这是美国第一个非追索权债务的商业化发电厂资助项目。该发电厂所需费用为2.63亿美元，其中资助款额为1.65亿美元，约占总费用的60%。

12.4 其他产业

商业化发电厂并不是一个革命性的概念。实际上，通过长期合同得到资金以保证利润的发电工业才是更加违反常规的例外。“商业化”类型的项目无处不在——公路通行税，纸浆和造纸业，体育场馆，娱乐场所，以及石油化工设备，等等。所有这些项目都可以而且已经接受资助。比如交税通行的公路就可以不取决于将为交税费款的交通工具数量的合同，而用资助款来修建。娱乐场所的复杂结构，包括惊人昂贵的主题公园，也可以不考虑付费的用户而修建。

这些项目都将会有市场风险。没有人能够保证将资助一个私有企业的用户数量，或者有多少观众将会为一个体育比赛购买门票。

13 分布式发电

分布式发电正在成为一种为解决美国未来电力需求的不断普及方式，考虑到连续不断的发电接近的情况时尤为如此。与商业化发电趋向相关的是密切分布式发电，这使得开发者们可以利用这些有利的机遇——在这些机遇中，传统的公共事业部门的发电厂并不是最好的解决问题办法。

大型公共事业部门的发电厂可能常常会在一个竞争的大环境下处于一种不利的地位。它们能够以适中的价格生产出大量的电力，但是以低负荷运行这些发电厂就可能有问题。此外，输电的基本建设结构正使得公共事业部门的花费越来越多。分布式发电厂能够避免因为设备所需要的安装地点而引起的上述两方面的问题。当一个小型的发电设施在某地安装时，或者它与需要电力的一个或多个工厂相邻时，就消除发电能力的过度建设以及昂贵的输电线路的建设。

用于分布式“微型商业”化发电是一种新的概念。这总体看，一座分布式发电厂正在寻找与之相配的发电投资搭配，已获得最大利润和经济可行的目的去满足当地的或区域的电力需求。这些工厂都是一些典型的热电联产厂，其总体的热销能可高达 88%。当直接将电力与热能生产分别进行比较时，这些工厂在生产出相同有用能量的情况下的 CO_2 排放量可以减少 50%。它们的燃料消耗量还可减少 50%。

微型商业化发电场模式的成功取决于整体的经济情况和热电联产与分布式发电是如何进行整合的。对于分布式发电而言，商业化发电场进行良好运行的几个必要条件为：灵活的输送电、负载适当、工作循环、热电联产、电力生产，以及明确的服务范围。这些发电厂可以使用内燃机或者燃气轮机（图 13.1 和图 13.2）。

发电厂的电力必须被迅速输出，这种输出可以根据电力来源的价格而进行。对于发电厂的输送能力而言这种微型商业化发电厂取决于基本负载、中等负载和高峰负载的需求量，有效地输送要求所有的发电机能够在 30 秒内启动并达到同步。在绝大多数情况下是不需要使用这种能力的，但确实应该具备这种能力，快速负载变化必须适应没有断开负载的状态，而且维护也不应受设备的迅速启动与停止所影响。

图 13.1 Wartila 1200r/min18V220SG 涡轮机，可以提供中等负载的动力。该机功率为 2.5MW

图 13.2 以天然气为动力的 1.2MW 改进型发电机组可以使用液体或气体燃料

这些能力使这些小型发电厂要比标准的公共事业部门的设备能够更加灵活地适应环境。

对于分布式发电设备而言，匹配的负载能力是基础。对于独立的发电机来说，往复式发动机的效率是比较固定的，单个发电机的负载效率为 40% ~ 100%。一些发动机有可能满足一个地区从基本负载到高峰负载的需要而效率并不受太大的影响。功率范围较大的公共事业部门的发电厂并不能适应这种奢侈的要求。它们一般拥有有限的仅适用于最大效率的负载范围。

基本负载与高峰负载的差别一般为 100%。比如，夏季几个月中的电力负载在夜间较低，那是许多工业用户下班了，而且运行空调机也很少了。在白天当工业用户工作空调机运行时，电力的需求量就可以达到100% 甚至更多。

为了将一个分布式发电厂的费用降至最低，重要的事在于将发电设备的类型与所预计的工作任务相匹配。高峰用电需要量可以通过高峰发电设备来满足；中等的发电量则用来满足中等需求；基本的用电需求有基本的负载设备提供。

热能的生产即热电联产帮助分布式发电厂家去后顾之忧。对于是否有生产能力的设备来说，热能的生产必须是可靠的（具备或不具备发电能力）。天然气发动机具有良好的高温能力——可超过 770°F——相当于一座产热能超过 24MW 的发电厂。热量被耗尽了的气体所补偿，而且工厂也需要安全的热量。

热电联产或分布式发电厂或者微型商业化发电厂的发电量取决于其发热主体的大小。这将保证其生产效率保持在乐观的水平上。当热需求较少时，所有的发电费用都集中在发电一侧，热动力中心并不需要发电费用。如果在热需求较低时需要电力，生产电力可以通过外部购买的方式获得，这将取决于对生产和购买所需费用的比较来决定。正常情况下当天气适宜时，从外部购买电力的费用最低，而夏季和冬季都会增加电力的需求量。

在开放的市场上会出现电网上电力低负载的情况，这就迫使公共事业部门降价，直至几乎不盈利的地步。在这种情况发生时，正在运行的发电厂就需要灵活地购买外来低价电。然而，分布式发电的目的就在于将用于高峰发电和中等发电时的对输电电网的信赖降至最低，并以最经济的方式按基本负载发电。

使用分布式发电的电力资源允许公共事业部门和其他一些能源服务的提供者们做到：

（1）在用电负荷高速增长的地区提供高峰供电电力。

（2）使输电线路避免获得允许或增加批准手续的困难。

（3）减少输电线路的费用和相应的电力损耗。

（4）在用户的工业或商业区提供内部享用的热电联产。

13.1　燃　烧　机

两种燃烧机可用于 1 ～ 25MW 的分布式发电。重型机械相对坚固，配有大型包装箱和发动机。根据飞机涡喷式发动机设计的机械重量比重型机械要轻，而且可以在较高温度的比率下运行。它们还具有较高的压力比，所以依据飞机涡轮机原理设计的设备具有更好的单循环功率，而且其消耗空气的温度也要比重型机的低。

典型的燃烧机设计具有双重燃料运行的能力，这类设备以燃气为主要燃料。高品质的油料，如 2 号油——作为一种常备的燃料。由于燃气轮机具有相对较高的燃料——天然气压力，所以一般都需要一台天然气压力机，除非该发电厂就建在一条高压的跨国天然气管线旁。典型地讲，燃气轮机需要的最小天然气压力为 260psi，而根据飞行器原理研制的发动机所需的最小天然气压力则为 400psi。一台天然气压力机可能会将发电厂的总投资提高 5% ~ 10%。

重型机械的维护费用可能仅为按飞机原理设计的设备维护费用的一半。主要的重型设备维修可能就在现场进行，设备的大修仅需要运行中断一周即可。使用了这种根据飞行器发动机原理设计的设备，天然气发电及能够用一台租借的发动机代替将与停机维修相关的动力，能把替换费用降低到最小。这种发动机在 2 ~ 3 个轮班中就可更换，而且换下来的发动机可以搬离原地进行大修。

13.2 往复式发动机

往复式发动机的设计和其使用的燃料方面有很大的区别。以天然气为燃料的发动机就是火花点火式发动机或注入蒸汽式（SI）发动机。以柴油为燃料的发动机是压缩点火式或压燃式（CI）发动机。压缩点火式发动机也燃烧天然气和少量柴油作为点火源。以上这些是双燃料发动机。

使用往复式发动机分布式发电厂常常拥有好几套设备，其功率范围为 1 ~ 15MW。火车、轮船和卡车上使用的中速和高速的发动机最适合于分布式发电设施，因为它们具有高可靠性、高效率，且安装费用低等特点。高速发动机一般用作备用设备，而中速发动机一般最适合于高峰与基本负载发电。

往复式发动机在美国作为发电机的使用历史已经很久了。然而在海外，它们的坚实性与范围宽广的特性使得它们多选来做偏远地区的发电用。

对于分布式发电厂而言，可靠性与实用性是与价格相关的重要因素。1999 年的一项调查表明，在 18 家不同发电厂中的 56 台中速发动机的平均使用率超过 91%。使用燃烧机的发电厂的平均可用性超过 95%。

这些技术的环境效应取决于人们正在考虑的排放物。对于 NO_x 和 CO_2 而言，燃烧机的排放量分别低于往复式发动机的 50% 和 70%。由于 NO_x 和 CO_2 的排放使得一些州不允许使用往复式发动机。就 CO_2 来讲，往复式发动机的排放量低于燃烧机，因为它具有较高的简单循环效率。

13.3 发电潜力

近年来，在世界范围内市场上的供分配式发电的燃烧机和往复式发电机的用量已经增加了。

1997 年，功率在 1 ~ 5MW 的燃烧机的订单有 250 份，比起 1996 年的 280 份有所下降。1997 年功率为 5 ~ 7.5MW 的订单有 187 份，比 1996 年的 135 份订单有所增加。功率 5 ~ 15MW 的订单在 1997 年为 240 份，比起上年的 49 份有大幅度增加。

往复式发动机在 1997 年的 1 ~ 3.5MW 功率的订单有 4400 份，而在 1996 年仅有 1200 份。1997 年连续售出了 2100 台，而 1996 年仅为 1300 台。1997 大约有 370 台高峰发电发动机被售出，而 1996 年的售出量则高达 870 台。

分布式发电系统的总发电量不到 2GW，但到 2015 年他们有望提供 50GW 的电量。

13.4 燃料电池

燃料电池可以被用来为日益增长的分布式发电趋势提出重要的保障。经过 150 多年的研究与实验，用于制造商业化燃料电池的基础科学已经得到发展，而且用于制造燃料电池所必需的材料也已制成。磷酸燃料电池是最早的可以进行大规模发电的技术，目前正在实施商业化，全球范围内已有 100200kW 的装置安装了该电池。更为先进的技术，比如碳酸盐燃料电池和固体氧化物燃料电池，这些都着眼于主要的电力公共事业部门的发展，并将此类技术实现商业化。

燃料电池的最佳表述是“连续运行的电池”或是一种“电化学发动机”。与电池一样，燃料电池可以不用燃烧或旋转的机械而产生电能。它们是通过含有氧原子的氢分裂出氢离子而产生电能的，此类电池内部

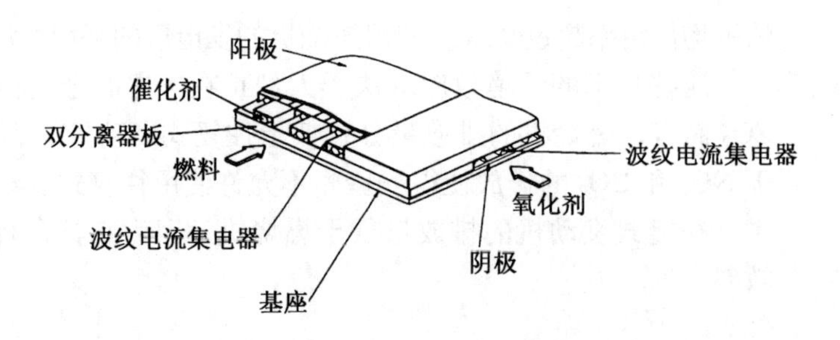

图 13.3　一种燃料电池

有燃料和氧化剂，这就是它们必须定期充电的原因。另一方面，燃料电池也是从外部获取这些关键的成分，并根据燃料与氧化剂所维持的时间来提供电能的（图 13.3）。

燃料电池利用这些化学成分产生化学反应——这种反应能够在电池的两极各形成含氢和含氧的离子。这些离子通过一种电解质，比如磷酸或碳酸盐（这些电解质可以产生电子），并与氧原子发生反应，结果就会在两极形成电流，同时产生的废热和水蒸气等副产品。电流视两极的大小而定。所产生的电量受电化学的限制，大约是每对（或每个）电池 1.23V，也将多个电池并联直到达到设计的电流水平。可将多个燃料电池组合为一个“组件”，以便在某处安装。从燃料电池排出的废热最佳处置是进行热电联产或者供给其他利用热能。

出于多种原因，燃料电池在分布式发电领域具有巨大的潜力。因为它们可以以一个小型组件安装，一个工业用户或公共部门能够根据自己的需要来决定自己的安装数量，几年之内并不需要过多的额外费用。当需要更多的电力时，就可以迅速而简易地安装更多的电池组，维修费用较低。燃料电池的热电联产和处理热的功能对于工业用户是很有吸引力的，这是目前分布式发电提供者们的主要目的。燃料电池可以在极短的时间里完成从安装指令到设定好发电能力的任务。

燃料电池的价格在近几年迅速下降，而它们将很快具备与其他技术竞争的经济实力，尤其是在那些环境要求较高的地区。操作费用也颇具竞争力，特别是当操作者们考虑到燃料电池厂在以部分运行时操作的高效率与可靠性。安装与操作的灵活性也能节省费用。

13.5　增长趋势

美国的工业部门所消耗的能源占到了全美总消耗量的 1/4。在未来的20年中，它的分布式发电负载有望将其对能源的需求每年增加1.3%。这样将导致到2018年美国工业部门的能源需求量的增长达25%以上。

天然气研究所预计，工业总体的能量消耗将从1995年的 27.3×10^{15}Btu 增加到2015年的 35.1×10^{15}Btu。在相同的时间段内，工业消耗的天然气将从1995年 $10 \times 10^{15}m^3$ 增加到2015年的 13×10^{15} m^3。天然气在工业燃料和发电领域的竞争中将占有极大的优势——在预计的时间段内，预计将维持40%的市场份额。这一市场包括锅炉、工业性热电联产和热处理。

在竞争的燃料与发电市场上，天然气有望增加其在与煤炭相竞争的锅炉市场上的份额，在热电联产的市场上，作为天然气的终端用户和组合式循环技术的反应也会增长，而且也会保持其在热处理领域中的领先优势。

14 结 论

天然气输送系统效率提高与井口价格解禁的结合必然导致用户费用的下降。人们有望看到电力的解禁也会发生相似的情景，即整个过程与天然气的发展十分相像。但是随着价格的下降与下降幅度的窄小，各公司需要所有的能够在竞争市场环境下保证自身利益的工具。期待着解禁环境的机遇与商务活动的结合，正驱使着天然气工业和电力工业这两大工业的结合。这两大工业越来越多地重叠、结合在一起。本书的目的已经帮助读者了解了这两个充满活力的工业及彼此之间的联系。

根据美国天然气协会的研究，对于所有消费天然气的领域来说，零售价格在1996年平均比1987年低18%，在此期间，井口价格的解禁正在开始实施。下降的领域为：民用：14%；商业用：25%；工业用：19%；发电业：12%（所有的数据都按通货膨胀进行了调整）。虽然目前评价相关的预测是否精确还为时过早，但是对天然气解禁的支持者与电力解禁的支持者人数相同。

来自能源部的数据显示，天然气将成为“最好的能源”。DOE的数据表明，1998年，天然气的价格为6.19美元/（MBtu），而相应的电价为24.68美元，加热的油为6.85美元，1Btu的价格相当于天然气的一个热单元为61.9美分，电价是8.42美分/（kW·h），加热油为95美分/gal[1]（这些DOE的数据被用于联邦交易委员会所提出的定标方案中的预算，用于帮助用户们选择能最经济地运行的机器设备）。经折算，丙烷价格为10.39美元/（MBtu），或者95美元/gal，而石蜡油为7.48美元/（MBtu），或1.01美元/gal。

天然气在美国国内极为丰富。美国的天然气进口主要来自加拿大和墨西哥。这使得燃料经济且可靠。全球性的影响其供应不太可能。在美国天然气继续供大于求。来自能源信息管理部门的最近数据显示，在过去几年中储量的增长已经超过了开采量。不断有新的气藏发现，储量的接替保持在105%左右，使得天然气的供应越来越充分。

这种充足增加了天然气作为发电燃料应用的可能性。人们对天然气

---

[1] 1gal（美国液体加仑）=3.7854118L（升）。

青睐的其他原因包括其低排放、易输送和储存以及高效率的技术。

虽然天然气的价格受到气候变化与季节性需求的影响，但它的消费量正在稳步增长，公共事业部门的增加与减少对这种良好的增长趋势没有大关系。1998 年，美国天然气消费量达到 $23 \times 10^{15} m^3$，是自 1972 年以来天然气消费的最高水平。在过去的 10 年中，天然气消费增加了 35%，这是天然气工业成熟的表现。

由于电力需求的连续增长，使得对以天然气为燃料的发电需求也随之增加。这两大工业将继续它们的融合、获胜、合作和联盟——共筑明天的 Btu 工业。

词 汇 表

Acid rain（酸雨）

pH 值低于 5.6 时所下的雨。雨水的正常 pH 值通常为 5.6，这属于弱酸性。当氮的氧化物和硫的氧化物进入大气层并形成硝酸和硫酸时，雨水就会变酸。这些氧化物进入大气层最普通途径是化石燃料的燃烧。

Actuator（执行器）

一种由马达控制的装置，可将电能转换为动能，或者指任何能将电能转换为机械能输出的装置。

Adiabatic（绝热的）

在任何情况下都不会接收或获得热量。

Affiliated power producer（分支的电力生产者）

一家生产电力并被一个公共部门所分配的公司。

Aggregation（汇聚作用）

预算需求量并将电力按时输送给用户群的过程。

Aggregator（汇聚者）

一家将一些个人用户和（或者）提供者合并为一个整体的公司。将多种来源的天然气资源包装以后销售到一些配气公司或者用户的市场营销公司。

Air monitoring（空气检测）

对空气中排放物的污染水平进行间歇的或连续不断地检测。

Air pollution（空气污染）

大气中的污染，有毒性特征而且据信对动物的健康或植物的生命有害。

Air quality（空气质量）

空气的质量是由污染物的量和污染物的存在而确定的。

Alkaline（碱性）

pH 值大于 7 的物质。

All-events contracts（细节合同）

也称为“地狱或顶点合同”。需要用户执行或为合同所规定的天然气体积或者服务付费，即使销售方不能履行输送任务，无论何方的错误或失败都得按此执行。

Allowable emissions（允许的排放）

利用最大来源能力的比率计算出的合适的排放量，而且最严格执行政府所制定的标准。

Alternating current（AC）（交流电）

一种时间性电流，在一个周期内的平均值为零。除非有特殊的直接设定，电流的相限取决于电流在所限定的时间内有规律地转向，即在正向与负向之间波动。几乎所有的电力部门都生产交流电，因为它可以很容易地以较高或较低的电压输送。

Ambient conditions（周边环境）

外部的天气条件，包括温度、湿度和气压。周边环境能够影响发电厂的输送能力。

American Wire Gauge（AWG）（美国电力计量）

美国使用的用标准的电线尺寸测量体系，缩写为 AWG。

Ammeter（安培计）

用来测量电流强度的仪器，单位有安培、微安培、毫安培，或千安培。

Ampere（安培）

测量通过一欧姆电阻的一伏特电流的单位。

Ancillary services（辅助性服务）

为不同来源的资源的输送提供必需的服务，并保证为输送系统提供可信的输送服务。此类事例包括电压的控制与内部运转的处理。

Anticline（背斜）

一种地质构造，构成它的岩石层被水平方向挤压形成向上隆起的U形弯曲。背斜常常可以圈闭石油与天然气，背斜的构造对应物是向斜，其结构特征是岩石层向下弯曲。

APPA（American Public Power Association 的缩写）

美国公共电力协会的缩写。是公共拥有的电力贸易协会。

Arc（电弧放电）

一种击穿天然气或空气的放电现象。

Arms-length transactions（保持安全距离的交易）

非会员制公司之间的交易，比如由一家天然气的生产者直接向一家不相关的配气公司出售天然气的交易。

Associated gas（伴生气）

与石油同时产生的天然气，或者在含油地层中以“溶解”的形式或者以含油带上部的“气盖层”形式存在。

Attainment area（合格地区）

属于《清洁空气法修正案》管辖的一个地理区域，执行该法律要求的“国家周边地区空气质量标准”。这一设计根据一个污染—特定基础而制定。

Availability（能力）

一条输送管线或发电单元在实际时间段内的测量单元，在需要的情况下所能提供服务的能力。

Available but not needed capability（能够实现但并不需要的能力）

主要的发电设施的可达到的，但并不认为必须负载的，而且在30分钟内负载并不能相连的纯能力。

Average revenue per kilowatt-hour（每千瓦时的平均税收）

由某一部门（比如居民用户、商业用户和工业用户以及其他）或地理区域（州、人口调查部门或者国家等）所销售的电力的每千瓦时的平均税收，这是根据相应每个部门或者地理区域每个月的总销售量除以每个月的总税收而得出的。

Avoided cost（规避价格）

一个公共事业公司的生产与运输价格，由其他来源（不是构建一个新的发电工厂而实现的保护或购买的规避）的价格所规避。

B

Back-stopping（支持）

在一个用户的主要供气无法实现的情况下，安排天然气的供应。

Back-up power（备用电力）

正常的电力供应中断时为用户提供的电力。

Barrel（桶）

一种计量石油和石油产品的体积单位，用bbl表示，1bbl相当于美制单位中的42gal。

Base load（基本负载）

在一个给定的稳定的规律时间段内，电力或天然气输送或需求的最小当量。是公共事业部门每天或每年的周期中的最低负载水准。

Base load capacity（基本负载能力）

在一个全天工作基础上的发电装置正常运行所提供的供电负载。

Base load plant（基本负载工厂）

一个工厂，通常拥有高效率的蒸汽—电力装置，其往往为一套系统提供最小部分或者全部电力，而且可以基本要求的频率连续提供电力并连续运转。这些装置以最大化的系统机械效率和热效率，以及最小的运行费用来操作。

Basins, sedimentary（盆地，沉积）

地质学上的“省”，由沉积岩构成，具有潜在的烃源岩或石油与天然气圈闭。

Basis（基础）

一个特殊的时场和在一个交换—贸易商品合同规定的输送点之间的地理差价。

Bcf（十亿立方英尺）

Bid week（交付周）

在每个月的后期中的一个时期，此时，谈判在下一个月中的天然气输送货到付款合同事宜。

Biomass（生物量）

有机质的大量尸体或堆积物。在天然气工业中，生物量用来表示由农业生产过程、饲养，木料加工，或者可以产生甲烷气的城市废料等有机废料。

Biotic theory（有机成因理论）

一种烃类生成的理论，认为地球上天然气和其他烃类物质是由生物作用生成的。甲烷就被认为是曾经生活在地球上的植物或动物的残骸的有机分解而生成的。

Bitumen（沥青）

重质的、沥青状的烃类，在常温条件下几乎为固体，而且必须经过加热或与其他轻质烃类物质混合才能经管线输送。

Boiler（锅炉）

用来为发电、加工或者热处理而生产热蒸汽的装置，也可以为加热而生产热水或者提供热水。来自外部燃烧源的热在锅炉内的管线中以流体的方式输送。这种流体以设定的压力、温度和量输送至终端用户。

Border price（边界价格）

在美国—加拿大边界处的天然气价格，为了获得进出口的许可证、关税或者在下游销售的价格而制定的。

BPA Bonneville Power Administration（BPA Bonneville 电力管理局）

美国政府的一个电力市场营销与电力输送机构，总部在俄勒冈州的波特兰。

Breaker（开关）

一种可以切断给定电力的装置。

Btu

英国的热单位。用来测量热能的一个标准单位，达到这一单位的热量相当于将 1 磅的水加热 1 ℉所需的热量。

Bulk power（整体电力）

电流的产生和高压输送。

Bundling（集束）

(1) 对电力而言，是指将发电、输送和配电及其他方面的服务的费用一并结算，向零售的用户收取。

(2) 对天然气而言，是将产品和服务所需费用以一个固定的价格一并“打包”计算，这种结算方式只能被企业而不是个人用户所接受。

Burnertip（炉口）

天然气被用户所使用的最终端。炉口可以是任何天然气的燃烧设施，比如用户所使用的炉子、炊具或发动机。

Bus（总线）

用来连接电流循环的线路或者将电流输送到线路的连接处的一种导体，或者是由铝或铜制成的固体棒状物。比如，用来连接变压器的外输配电线路与低压线路的母线或者连接器。

Bushing（绝缘套管）

一种电器，包括安装在电力设施上的阻止电流通过的器件，其目的在于让电流通过指定的导体。

Butane（丁烷）

一种碳水化合物，产自石油和天然气。天然气和液化石油气中一种天然气液体。

Bypass（直销）

生产者、管线公司或者市场经销商向用户的直接销售行为，可以免去当地配气公司所负的责任以及运输等费用。

Cable（电缆）

一种导体，具有绝缘或者集束导体的特征，具有或者没有绝缘和其他覆盖物，或者是将导体与其他物品绝缘的输电器件。

Candela（坎德拉）

发光强度的标准单位。1 坎德拉的点光源在单位点体角 (1 球面度) 内发出的光通量为 1 流明。

Cap（盖层）

在石油或天然气储层上方的非渗透性岩层，在地质时期中，这种岩层阻止了烃类物质的渗漏。它也可以指油藏顶部的天然气盖层。

Capability（能力）

发电设施、发电站或其他电力设施在特定的条件下为一个给定的时间段所能发电的最大负荷，在此期间并没有超过温度与压力的限制。

Capacitance（电容）

导体与导电介质系统的特征，当导体之间存在潜力差异时，可以储存和释放电荷。

Capacitor bank（电容组合）

电容器与所有所需的配件的组合，比如开关设备、保护装置、控制系统，及其他用于完成操作安装的设备等。

Capacity charge（电能释放）

在两个组合之间出现的电流是一种使用在电能处理（能量释放上是另一种因素）方面的方法。电能释放常常称为“需要的电能释放”，是由所购买的电量来评估的。

Capacity（能力）

为发电机涡轮机、变压器、输电线路、发电站提供的电力总量，或者是由制造商（用户）所评价的发电量。

Carbon dioxide（二氧化碳）

一种无色、无味、无毒性的气体，存在于大气中。二氧化碳由化石燃料的燃烧或者有机质的分解而产生。

Carbon monoxide（一氧化碳）

一种无色、无味、无臭，但是有毒的气体，主要由化石燃料的燃烧而产生。

Casinghead gas（井口气）

从油井内与石油一起流出的天然气。也称为伴生气或者溶解气，因为这种天然气产生于地下并与石油相伴生。

Chlorofluorocarbons（氟利昂）

惰性的、无毒的一大类物质，很容易成为液体，用在冰箱、空调冷藏包装，以及绝缘等方面，或者作为溶剂或气溶胶使用。它们被认为是臭氧层变薄和全球变暖的潜在物质，所以它们的使用正在日益受到限制。

Circuit breaker（断路器）

一种装置，用来打开和关闭电路。按照设计，在电流过载情况下自动断开电路，当适当的电流通过时，对其本身不造成伤害。

Circuit recloser（电路自动重合开关）

一种线性保护装置，在一个受到干扰的系统中可以切断出问题的线路。如果电路依然存在问题，则一个电路自动重合开关在短时间后将会自动关闭，而且将会很快再次打开电路。

Circuit（电路）

电路是一个导体或者导体系统形成一个闭合的系统，电流可以在其中流通。

City gate（城市供气站）

一种天然气供应管线和当地天然气管理部门的配气系统之间的连接站点。“城市供气站的设置”采用的是在当地的天然气公共事业部门的配气系统内的输送点。

Cogeneration（热电联产）

同时生产电力与热能，比如燃烧天然气产生电能并用所产生的热生产蒸汽供给工业使用。

Coincidental demand（同时需求）

在同一时间段内两个或两个以上需求的总和。

Coincidental peak load（同时高峰负载）

出现在同一时间段的两个或两个以上的高峰负载的总和。

Coke（焦炭）

是煤气或石油干馏过程的产品，为固体炭质残留物。是炼钢的原料。

Combination pricing（组合价格）

一种价格政策，综合了价格的形式、需求，以及竞争的价格方式。

Combined-cycle unit（组合式循环装置）

一种发电装置，由一个或多个燃烧涡轮机和一个或多个锅炉组成，这些锅炉所需的能量由燃气轮机组提供。

Combined-cycle（组合循环）

一种发电技术，可以通过由天然气燃气轮机所产生的废弃的热量而发出一些额外的电力。这种存在的热量被输往一个常规的锅炉或者输往一个热回收蒸汽发电机，以供其中的蒸汽涡轮机产生电力。这种过程可以增加发电设施的效率。

Combined utility（组合部门）

一种部门，既可以由私人拥有，也可以多方拥有，负责销售天然气和电力。

Combustion air（燃烧空气）

为保证燃料完全燃烧所需的空气。

Combustion chamber（燃烧室）

燃料进行燃烧的地方。

Combustion（燃烧）

物质与氧气迅速地进行化学反应，通常会有热量和光释放。

Commercial customers（商业用户）

有规律且稳定地使用能量，采用零售和批发式交易，提供服务，旅馆、办公室、公用设施等处的使用，有时还有那些分开使用的公寓。

Commercial operation（商业运作）

商业运作开始于发电机负载的控制被转交给系统调度员之际。包括发电、提供备用的服务、开始与结束或者火焰的稳定性等内容。

Commodities（商品）

频繁而大量购买的货物。

Commodity charge（商品费用）

一用户为公共部门的服务所交的费用，根据实际购买的电力或天然气的比例而提供的。

Common carrier（公共载体）

由法律负责的运输工具，为所有有兴趣的单位提供服务而不受能力的限制。如果公共载体管线的能力不足以满足需求，就必须为所有运输工具按“比例”提供服务，即按照他们所需的运输量而按比例提供服务。

Common purchaser（共同购买者）

法律要求的石油或天然气的持有者，可在任何石油或天然气产出的油藏、油田或地区购买。

Competitive environment（竞争环境）

为相同市场提供稳定而相似的产品与服务的单位（部门）之间的竞争。

Compressed natural gas（CNG）（压缩天然气）

被高度压缩的天然气，但尚未达到液化点，所以它不必经固定的管线输送就可使用。压缩天然气作为交通工具的燃料使用。

Condensate（凝析油）

轻质的烃分子，在大气温度与压力下为液体，而在天然气的加工过程可以从中析出。

Condenser（冷凝器）

冷凝器安装在发电厂，可以收集蒸汽并将其还原为水，可以作为发电厂补给水的再利用。

Conductor（导体）

可以制成电线、电缆或总线的物质，适用于传导电流。

Conduit（导管）

设计为固定导体的装置。可以是铁制或其他金属制的。

Consumption（消耗）

大量燃料用来进行发电、提供备用服务，启动，和（或者）稳定火焰。也可以为用户所使用。

Contract carrier（合同执行者）

一种输送工具的拥有者，比如管线公司它们可以自行处理的方式提供服务，与其他单位签订合同。

Contract price（合同价格）

根据覆盖一年或多年时间段签订的合同而确定的燃料价格。合同价格反映了合同被讨论时的市场状态，所以就会在逐渐上升的价格条件下在整个合同执行过程中会保持稳定。通常，合同价格并不会出现较大的波动。

Contract receipts（合同收购）

根据所谈判的协议进行的购买，通常覆盖一年到多年的期限。

Conventional gas（常规天然气）

能够在目前的技术条件下以不高于其当前的市场价格生产的天然气。

Convergence（汇聚）

以前没有联系的工业汇聚并结合到一起。这一现象在电力与燃料工业中流行，特别是电力与天然气工业。

Cooling tower（冷却水）

发电厂水循环系统的一部分，可以用水吸收从发电厂排出的热量，将机器冷却并将热量输送到空气中，而水则再循环进入系统中，成为锅炉的生产用水。

Cooperative electric utility（合作的电力部门）

一个依据法律建立的电力部门，拥有并运行它是为获得其服务的功能。这种部门的公司将为特定的地区发电、输送电力，并且（或者）分配电力，而不必享受其他的服务。这种投机往往是免征联邦收入税的。绝大多数合作的电力部门在初期是由农业部的农村电气化委员会资助的。

Cost-of-service（服务与价格）

在北美天然气企业规章的变化状态，用户的交费是基于对提供的预测价格或实际价格而得出的，允许价格上涨到用户们将要支付的地步。

Covenants（契约）

账单所规定的条款，对借方行为的限定，它们可能会增加不执行的风险。

Crude oil（原油）

自然生成的烃类物质，在大气条件下为液体，与天然气和沥青相反，后两者在大气条件下分别为气态和固态。这三种相态经常存在，而且在烃类储集层内溶解在一起。

Cryogenic（超级制冷）

超级制冷。液化天然气经超级制冷后再运输。

Cubic foot（立方英尺）

测量天然气体积的最常用单位；它是在稳定的温度、压力和水蒸气条件下充满1立方英尺所需的气体体积。

Current（电流）

电在导体中的流通。电运动的频率，以安培测定。

Customer density（用户密度）

在一个给定单元或在配气线路上的一个给定的长度范围内用户的数量。

Declining block rates（递减的区段比率）

一种单位比率的结构，消耗较多天然气的用户们可以通过其对每单元交付较低的费用，它分阶段下降。

Dedication（奉献）

将一个给定所有权的生产或储备物的法律权限交给一个特定的项目或用户。

Deep gas（深层气）

存在于地表 15000ft 以下或更深处的天然气。

Deliverability（输送能力）

管线或生产者所能够输送的天然气量，受其供货合同、它的工厂生产能力，或者政府的法律约束等限制。

Demand（需求）

用户们购买产品或者服务的能力与愿望。就电力而言，电力的输送是在一个给定的时间段内或者在任何设定的时间段内的平均区间，通过一个或者部分系统进行的，或者是用部分设备进行输送的。

Demand charge（需求费用）

一位用户为部门所提供的服务付费，这些服务反映着一个特殊的用户对一年中任何时间内一定量的天然气购买的选择权。

Demand-side management（DSM）（需求侧管理）

通过提高终端用电效率和优化用电方式，在完成同样用电功能的同时，减少电量的消耗和电力需求，达到合理配置资源的目的。

Department of Energy（DOE）（美国能源部）

成立于 1977 年，DOE 掌管着各种能源技术与相关的环境、立法和保护项目的研究、开发与商业化运作。DOE 颁布能源政策与法令，并将其作为能源方面的建议呈交总统。

Deregulation（解禁）

将控制一种或多种工业的法律规章制度解禁或取消。

Direct current（DC）（直流电）

以一个方向流动的电流，其电磁场并不发生变化或仅仅发生微小的变化。

Derivatives（派生物）

经济结构其价值取决于其他所属的资产。例子包括未来的合同、选择权，以及交易。

Direct purchases（直接购买）

由当地的天然气配气公司或终端用户直接从生产者而不是商业管线公司处购买天然气。

Disaggregation（发散）

传统的电力部门结构从集中服务分散为单个地提供服务。

Disco（分配公司）

特指一个公共事业的公司进行垂向发散并从事其零售配电的商务活动，而且这些活动是与其所拥有的其他能源商务活动分开的。

Dissolved gas（溶解气）

溶解在石油中的天然气形式，可以井口气的形式从油井采出。

Distribution automation（自动化取代人工化）

包括管线设备、通讯系统的内部组成、信息技术的体系，用于将分配系统的优点汇集并提供分析与控制，以便使操作性与可靠性发挥到最大限度的一套系统。包括小型分配站、用于次级输送系统和分配的送料器的自动开关、调节器、区域性分配器，这些都可以进行遥感检测与控制。

Distribution company（配电公司）

一种电力分配公司，仅提供电力分配的服务，即不是整体化的服务。缩写为disco。

Distribution system（配电系统）

(1) 对于天然气而言，指管线与服务设施，它们输送或控制从当地的供应点或者城市供应站到用户的天然气供应。

(2) 对于电力而言，指的是次级输电站、输送器，以及线路——它们将电力从发电厂输往用户。

Diversification（多元化）

指公司将目标对准一种新的市场时成为包括产品或者服务项目的变化形式。

Draft（通风）

空气进入并通过燃烧室、烟囱、烟道的移动的过程。通风可以是自然进行的，允许热气上升，也可以是人工制造的，由风扇等设备形成通风。

E

Edison Electric Institute（EEI）（爱迪生电研究所）

美国的一所投资者拥有的电气研究单位，涉及全球各地的工业设备研究。它的美国会员为几乎所有的电力公共事业部门所拥有的用户提供服务。这些部门所生产的电力达到全美电力中的80%，并为全美的75%的电力用户提供服务。EEI的基本目标是："提高电力生产、输送和分配的公共的服务，并且提高该领域中的科学研究"。EEI编辑与电力工业相关的数据与统计并将其送给其会员公司、公众和政府的相关部门。

Electric and magnetic field（EMF）（电磁场）

是当有能量通过一个能量导体时所产生的。电场由加在导体上的电压所产生，而磁场由导体内的电流所产生。这些场环绕着导体。电场是以伏每米或者千伏每米计量的，磁场则以高斯或特斯拉计量。电场与磁场都是自然产生的，但也可以人为地制造。当它们离人类太近时，对健康不利。

Electric capacity（发电能力）

一个发电厂在一个给定的时间段内所能产生的电力的能力。发电能力是以kW或MW计量的。

Electric current（电流）

在一个电导体内电的流动。电流的强度或运动频率以安培测量。

Electric plant（发电厂）

拥有主要的原动机、发电机和用于产生电力的可将其他能量转换为电能的附加机械设备的工厂。

Electric rate schedule（电费规定）

电费以及涵盖控制其应用的所有术语的一个表述，包括被一项法律条款所接受的相关合同与条件等，而该法律条款并不需要特别管理。

Electric utility（电力公共事业部门）

美国境内的一个公司、个人、机构、管理部门或者法律机构，或者是具有设备的拥有权或操作能力的组织，或者是进行发电、输送电力、配电的 Puerto Rico 公司，或者是由联邦法律条款第 18 条第 141 单元列出的公共的和普通成员所使用的电力能源销售部门。在 PURPA 约束下的以热电联产或小型电力生产者形式的发电厂不被认为是电力公共事业部门。

Electricity（电流）

在一个导电物质内的电子流动。这种流动称为电流。

Emissions（排放）

排出发电厂的所有废弃物质。该术语通常特指空气的污染物，但也可用于土壤和水的污染物。从发电厂可以排放出多种物质，绝大多数是法律限制并监测的。

End user（终端用户）

最终的用户，其反义词为一个购买用来再出售的用户。

Energy charge（电费）

电力服务交费的一部分，是根据电能的消费或者账单而交付的。

Energy deliveries（能源输送）

由一个电力公共部门所生产的能源并通过一个或多个输送系统而输送给另一个系统。

Energy efficiency（能源效率）

指目的在于减少特定的终端设备与系统所使用的能源，特别是没有影响所提供的服务的规划。这些规划整体上减少了电力的消耗（以千瓦时报告），而往往没有明确的关于储备金的时间规定。这种储备金通常是由技术的发展所带来的更加先进的设备，这些设备生产出相同的终端使用的服务能力（比如照明、加热、发动机驱动等）而消耗较少的能源来实现的。这些例子包括高效的设备，高效的照明规划，高效的加热装置、通风装置和空调设施（HVAC）系统或控制改进系统，高效的建筑设计，先进的电气化发动机，以及热回收系统。

Energy marketer（能源经销商）

一种实体，受联邦能源管制委员会的约束，为终端用户安排电力的输送事宜。能源经销商的主要目标是为用户确定最佳的整体燃料选择，然后将这些燃料送达用户。他们在开放的市场上运作，全力致力于能源的经销，直到将这些能源再出售给终端用户。

***Energy Policy Act* of 1992（1992 年的《能源政策法》）**

立法委员会要求 FERC 在批发销售的水平上引入竞争机制——通过新的开放来满足输送的需求，并且实施批发销售的发电者们免税的措施。

Energy receipts（能源接受）

由一个电力公共事业部门系统生产的电力并被另一个系统通过一个或更多的线路而接受到。

Energy source（能源）

可以通过化学能、机械能或其他的形式转化为电能的主要能源。能源包括煤炭、石油与石油产品、天然气、水、核能、风能、太阳能、地热能和其他能源。

Energy（能量）

能够做功的能量。能量是在时间单位内提供的动力，以千瓦时表示。能量表现为不同的形式，一种可以很容易转换并能够转为另一种可用来做功的形式。世界上绝大多数可转化的能量来自化石燃料，它们燃烧后产生热量并可通过一道道中间形式转化为机械能或其他的能量，以便完成人们要求。电能通常由千瓦时测定，而热能一般以英热单位测量。

Enhanced recovery（提高采收率）

一组技术方法，用这些方法可以从地下的储集层中抽取比单靠自然流出的方式更多的石油。

Environmental Protection Agency（EPA）（美国环境保护局）

该组织制定联邦环境政策，实施环境法律与法规，实施研究，并提供关于环境保护的信息。

Ethane（乙烷）

一种天然气组分，很少用管线输送，是天然气液体中最轻的组分。

Exempt wholesale generator（免税批发发电者）

一种仅仅将生产的电力以批发的形式出售而不向公众出售的公司。它们免交 PUHCA 的税务。

Exploration（勘探）

为天然存在的石油与天然气而开展的研究，包括地表的研究、地震和其他地球物理方面的研究，以及勘探井的钻探。

Extensions（扩展）

为了增加已知储集层的面积或体积而额外增加的储量。主要依靠阶段与钻井的成果。

Externalities（外部因素）

影响人类幸福的因素，并不包括产品的货币价值，比如由发电引起的空气污染。

Extra high voltage（EHV）（超高电压）

用于表示电力系统中输送电压的水平，特指高于 230 千瓦的电压。

F

Facility（设施、工厂）

一种按特定地点或地区安装的移动式发电机，和（或者）用来将机械能、化学能和（或）核能转化为电能的设施，或者将要安装的设施。一个工厂可以包含一套以上的发电机组，它们可以是相同的也可是不同的运转模式的设施。对于一台热电联产设备而言，一套设施包括工业的和商业的加工处理设施。

Fahrenheit（华氏温标）

温度的一种表达方式，单位为℉。多用在美国，按此标准，水的结冰点为海平面处32℉，而沸点为212℉。

Fault（故障）

一个导体或一条电线或电缆中的部分或整体在绝缘或连续性方面出问题。

Federal electric utilities（美国联邦电力公共事业部门）

一种公共事业部门的分类，应用于美国联邦的政府机构，包括发电和（或）电力的输送。由联邦电力公共事业部门发出的绝大部分电力以批发形式销售给地方政府所拥有的或者联合拥有的以及合资的事业部门。这些政府机构是工程军事团体和垦务局，它们按照联邦拥有的水力发电项目进行发电。田纳西峡谷管理局在田纳西峡谷地区生产并销售电力。

Federal Energy Regulatory（Cominission FERC）（联邦能源管制委员会）

隶属于美国能源部的半独立性立法机构，拥有对州间的整体电力销售、批发电力的比例、水力发电的许可证批准、天然气的定价、石油管线的比例，以及天然气管线的许可证等的决定权。

***Federal Power Act*（《联邦电力法》）**

颁布于1920年，1935年修正，该法令由三部分组成。第一部分是由以前的联邦电力委员会批准的《联邦水利电力法》，其内容囊括了几乎所有非联邦的水电项目。第二部分和第三部分是对事业部门法律通过的补充。这些部分扩展了该法律的权限，包括规范了对州间的电能输送和州间商务活动中批发销售的比例。联邦能源管制委员会承担着该法令的管理。

Federal Power Commission（FPC）（美国联邦电力委员会）

美国联邦能源管制委员会的前身机构。该委员会于1920年6月10日制定了《联邦水利电力法》下的《国会法》。该法令随着电力工业和天然气工业而发生了改变。FPC于1977年9月20日能源部成立时废止。FPC的功能分为能源部和联邦能源管制委员会两部分。

Feeder cable（馈电电缆）

从一个中心部位沿着主要路线，或者从一条主要路线到次要路线延伸的电缆，因此可以为一个或多个配电电缆输送电力。

Feedwater（锅炉给水）

用在发电厂锅炉系统中的水。这种水可以被经济合理地纯化，以保持锅炉的干净与合理地操作。

Firm power（稳定的电力）

电力或发电能力可以在保证输送甚至在不利的条件下全时输送期间供应。

Firm service（稳定的服务）

全年中不间断地销售和（或者）输送服务。稳定的服务通常在所列出的税率条件下提供。

Fixed cost（固定价格）

一种消费，它并不随着生产水平的变化而改变。也称为“深留的”价格（imbedded cost）。

Flue gas desulfurization unit（燃料气体脱硫设施）

也称涤气塔。在发电厂的锅炉燃烧气体中的硫化物在排放进入大气之前，将其除去的装置。使用化学物质将氧化物从天然气中除去。

Flue gas particulate collectors（燃料气体颗粒物收集器）

用来在被排放进入大气层之前将发电厂的锅炉燃烧气体中的飞行的灰尘除去的设备。颗粒物收集器包括静电沉降器、机械收集器、纤维过滤器或集尘室和湿涤气塔。

Force majeure（不可抗拒力）

一种合同用语，特指在超级力量，比如天气、战争或“一些不确定因素”的影响下，导致任何一方无法履行合同的因素。

Forward contract（期货合同）

一种用于未来的、事先确定价格的合同。

Force outage（强迫停运）

由于紧急原因或者没有预料到的突然停顿，而要求发电设备、输电线路或其他设备的停止运行。

Fossil fuel plant（化石燃料工厂）

使用煤炭、石油和（或者）天然气作为其能量的电力生产的工厂。

Fossil fuel（化石燃料）

任何以自然状态存在的有机燃料，包括石油、煤炭和天然气。

Franchise（特许权）

由政府许给个人或公司的一种特殊的权力，允许其实施一条特殊的商务路线，或使用公共的道路或街道。

Fuel cell（燃料电池）

一种能够通过电化学反应将天然气、氢或其他气体燃料直接转换为电和热的装置，可以避免因燃烧和自旋或能量互换所造成的能量的损失。

Fuel expenses（燃料消费）

一些消费包括在发电厂生产热蒸汽和（或）电力的费用。其他相关的费用包括燃料船运装卸费用和将燃料送达发电厂并进入燃烧点所需的费用。燃料花费一般是发电厂所需费用中所占最大的一部分。

Fuse（保险丝）

一种当过载的电流或短路电流通过时以熔融的方式断开电路、切断电流的装置。

Futures（期货）

一种商业行为，以合同的方式和未来的价格购买或销售特定体积商品。

Gas cap（天然气盖层）

上覆于油藏内含油层上的富含天然气的岩层。当一个特殊的储集层内的天然气含量过高时，难以溶解在石油内时，就会形成天然气盖层。

Gas marketer/broker（天然气市场营销商或掮客）

一种不受法律约束的天然气的有竞争性的购买者或销售者。市场营销商或掮客可能为同一人。

Gas processing（天然气加工）

将原始的天然气加工处理，除去液化的烃类物质，比如丙烷和丁烷，除去有毒或腐蚀性的物质，比如硫化氢和二氧化碳，并将剩余的天然气调整到标准的热值。

Gas Turbine（燃气轮机）

由一台轴心流动空气压缩机和一台或多台液体或气体燃料进行燃烧的燃烧室构成。所产生的热气体通过涡轮机，在那里气体膨胀推动发电机，然后驱动空气压缩机。

Gas（气体）

一种可在锅炉和内置式发电机中燃烧的燃料，可用于发电，这类气体包括天然气、人造气体，以及废气。

Generating unit（发电装置）

发电机、电抗器、锅炉、燃气轮机或其他原动机等构成的机械组合，可用来一同操作或相互间接产生电流的装置。

Generation（发电）

通过将其他能量转化为电能的过程。它还取决于发电量，通常以千瓦时或兆瓦时表示。

Generator nameplate capacity（发电机铭牌能力）

一台发电机、原动机或者其他用电产品在制造者所设计的特定条件下的满负载连续运行能力。安装的发电机铭牌通常在发电机身上标出。

Generator（发电机）

一种可以将机械能转换为电能的机械。

Gigawatt（GW）（吉瓦）

一种电力单位，等于十亿瓦。

Gigawatt-hour（GW·h）（吉瓦时）

十亿瓦时。

Global warming（全球变暖）

一种全球温度增加的假设，由于人类的二氧化碳排放量的增加和其他放热的气体增加而引起的温室效应影响有关。

Green marketing（未加工的市场营销）

对市场营销、包装进行经济的预测，或者出于环境的或利益的目的提高生产。

Greenfield plant（绿色场地工厂）

一种新型的发电厂建设，其建设场地并不是用于以前的工业。一个工厂的建设基于绿色的场地。这些工厂建筑在已经被其他发电厂所占用的场地上，或者已经被其他工厂使用过的场地上。

Greenhouse effect（温室影响）

较低大气层的自然变暖，与太阳能反射到水体表面变成水蒸气和挥发性气体有关，包括二氧化碳和甲烷气体。

Greenhouse gases（温室气体）

这些气体，比如二氧化碳、氮氧化物、甲烷，它们承受太阳辐射，但是对于长波来说则是不透光的。在大气层中，这些效果与那些在一座温室内的玻璃中的效果相似。

Grid（输电网）

一套电力分配系统的输送线路。

Gross generation（总发电量）

由发电设施在一个或多个发电站中发出的总电力，在发电厂的终端进行测定。

Ground（接地系统）

一种导体的连接，包括是有意或无意地连接，通过这种连接，可将电流或设备与地面相连，可以形成相对较强的导体，将电流引至地面。

H

Heat rate（热耗率）

一种发电厂术语，用来表示发电厂的效率。热耗率测量有多少燃料燃烧转化为电力。热耗率通常以英制与公制单位混合表达，即Btu/(kW·h)。

Heating value（热值）

一套燃料燃烧系统产生的热量。天然气的热值是以“毛”与“纯”来确定，这取决于评价中是否包括潜在的燃烧产物产生的蒸汽的热量。

Hedging（期货保值）

一些贸易保护的战略，可以避免受到不稳定价格变化的损失，可以通过锁定或包含未来的商务交易来实现。商业交易的设置障碍包括未来合同和其他衍生物的购买与销售。

Hertz（Hz）（赫兹）

频率的国际标准单位，一秒钟内一个象限的频率，电流的频率通常为 50Hz 或 60Hz。

High-voltage system（高压系统）

一种电流系统，通过 $1ft^2$ 面积的电压达到 72.5kV 以上的系统。

Horizontal drilling（水平钻井）

一种钻井技术，在地表以垂直的方向钻进，通常钻进深度可达数千英尺，钻进中在一个设定的深度开始水平钻进，最大角度可达 90° 或 90° 以上，成为与地表水平状。这种钻进的代价比每英尺的垂直钻进费用高同时，却也可以出乎意料地减少生产石油所需的单位代价——主要表现在可以减少所需的钻井数量以及用垂直钻井才能达到油气层的钻进尺度等方面。

Hubs（电线插孔）

两股或多股电线相交和（或者）区域性配电公司主干线之间、有时是蓄电厂之间的连接装置，可以在它们之间进行近距离地操作，进行电力的销售与购买活动。

Hydrocarbon（烃）

碳水化合物的一种有机化学组成物，可以气态、液态或固态存在，烃的分子结构可以是简单的，比如甲烷，也可以是非常复杂的且质量重的。

Independent power producer（IPP）（独立的电力生产者）

一家不属于电力公共事业部门的发电公司。

Induced current（感应电流）

由于穿过闭合回路的磁通量发生变化在闭合回路中产生的电流。

Induced voltage（感应电压）

在一个闭合回路内由于通过其磁力线的改变而产生的电压。

Industrial market（工业市场）

出于工业或商业用途而购买产品或服务的公司。

Industrial sector（工业部门）

电力部门通常把用户分为多阶级、居民、商业用户和工业用户。工业部门包括制造业、建筑业、采矿业和其他类别。与居民或商业用户相比，工业用户的用电量要大得多。

Insulator（绝缘体）

一种极其不导电的物质。绝缘体通常为陶瓷或玻璃纤维，用在电路上被设计为起到支撑导体的作用，并起到将其他导体和支撑体分割开的作用。

Integrated resource planning（综合资源计划）

将许多部门的商务活动结合在一起，选择适合未来电力所需的电力资源。

Intermediate load（中等程度的负载）

在一套电力系统中，中等负载取决于从基本负载到基本负载与高峰负载之间的平均点。这一特殊的阶段可能是中间点，即高峰值的一个比率，也可能是在一个特定时间段内的负载。

Internal combustion plant（内燃机厂）

一个主要的原动机为内燃机的工厂。这种类型的发动机有一个或多个缸，在每个缸内都会进行燃烧，将助燃气体混合后迅速燃烧的能量转化为机械能。煤油或汽油发动机是发电厂所使用的主要类型。这些发电厂通常只有在供电高峰时才启动。

Interruptible gas（中断的天然气）

天然气被出售给用户附带有前提条件：允许在一定的条件下由配气公司提供的天然气供应与服务，正如在一些服务合同中所提到的那样不连续或中断现象。

Interruptible load（中断负载）

一种项目行为，与合同的安排一致，在发电高峰季节，部门的系统操作员通过控制，中断给用户的用电负载，也可以由用户直接向系统管理员要求而切断供电。这种情况通常在商业或工业用户中发生。

Interruptible service（中断服务）

以较低的可信度和较低价位的状态下销售与提供运输服务。在这种服务条件下，天然气公司可以快速的告示方式中断为用户的服务，尤其是在夏季的供电高峰期间。在绝大多数情况下，中断服务通过单独谈判的合同来执行，是将价格和所提供服务的费用加入用户燃料转换的费用中去的。

Investor-owned utility（IOU）（投资者拥有的事业部门）

以赋税企业形式组织的电力公共事业部门，而且通常由抵押金的出售来提供财政资助的部门。其利益由参股的电力代表们共享。

J

Joule（焦耳）

能量的一种测量单位。相当于施加一牛顿力时，沿直线移动一米距离所做的功。1 焦耳相当于 0.239 卡路里。在点理论中，1 焦耳等于 1 瓦特时。

K

Kerosene（煤油）

一种中等蒸馏的、比石脑油重的，从原油中提炼而得的油。在电灯普及之前，煤油是重要的照明物，今天煤油依然被用做燃料，是房间加热的油料，也是一些喷气式飞机的燃料。

Kilovolt（kV）（千伏特）

等于 1000 伏特。

Kilowatt hour（kW·h）（千瓦时）

能量的一种测量单位，等于一千瓦工作一小时的能量。用电用户们根据所消耗的每小时千瓦数进行付费。用 1kW · h，你可以看 3 个小时的电视节目。

Kilowatt（kW）（千瓦）

电力的一种测量单位，等于 1 千瓦。1kW 电力足以点亮 10 盏 100W 的电灯。

Lag（滞后）

在两件事之间的拖延。

Lift（提升）

将石油和天然气提升到地面。自然压力可以将油气压至地表。

Liquidity（流动资金）

一种效率，包括通畅性、速度，经济性，拥有流动资金商品才能被购买或销售。

Liquefied natural gas（液化天然气）

甲烷被冷冻到其凝固点以下，所以能够以液体形式储存，液化天然气体积仅为气态天然气的 1/625，液化天然气与周围的温度和压力有关。

Load（负载）

在一个给定的时间内，能源用户们所需的电量可以分为三种主要类型——工业负载、商业负载，以及民用负载。

Local distribution company（LDC）（区域性分配公司）

一种拥有从城市总站经过管线系统向用户提供输送服务的天然气配气操作能力的公司。

Lumen（流明）

光通量的单位。

Lux（勒克斯）

照度的国际单位。在1平方米面积上得到的光通量是1流明时，它的照度是1勒克斯。

M

Manufactured gas（人造天然气）

由人为控制的烃类母质的热分解或分馏产生的高能蒸汽，能够产生人造天然气的母质包括煤炭、石油以及焦炭的生产过程。人造天然气曾经仅有较低的热当量。然而，在20世纪70年代后期和80年代，美国能源部推荐一些可以生产高Btu合成天然气的设施，这些设施可以生产出适应管线输送的天然气。

Market-clearing price（市场清算价格）

可以起到平衡在一个特别时期内一种特别商品作用的供应与需求价格。一个市场清算价格要足够高，才能阻止商品的短缺，但是又能足够低，以保证实现所有的供应并将商品出售。

Marginal cost（边际成本）

指成本对产量无限小变化的变动部分，比如生产一些附加的1kW·h额外电力的成本。

Marginal revenue（边际收益）

指出售额外一单位产品所带来的总收益的增加。

Maximum demand（最大需求）

在一个特定时间内出现的最大负载需求量。

One thousand cubic feet（Mcf）（一千立方英尺）

1Mcf天然气所具有的热值，大约为一百万Btu，也表示为MBtu。

Megawatt（MW）（兆瓦）

一百万瓦。

Megawatt-hour（MW · h）（兆瓦时）

一小时一百万兆瓦。

Merchant plant（商业化发电厂）

根据长期的电力销售与生产合同保障而建成的发电厂。许多这类发电厂是部分的商业化的，有合同保障其将一部分发出的电力销售给附近的部门。

Methane（甲烷）

最简单的、最轻的气态烃类物质，是天然气的主要成分。

Methanol（甲醇）

一种最简单的醇类。一般用甲烷经人工制成。

Monopoly（垄断）

由一个部门对商品或服务进行的唯一控制。在天然气工业中，美国州际间管线与区域性配气公司通常为垄断的。对电力工业而言，传统上也是由当地实施垄断操作的。即使电力解禁以后，输送电力的内部结构依然会保持垄断状态。

Municipal utility（复合型部门）

一种由多个部门拥有并运作的电力系统，它可以批发的形式生产和（或者）购买电力并将其输送给配电部门，然后一般在美国各州的边界处以零售的方式出售给用户。

Naphtha（石油脑）

一种较轻的原油组分，从中可以提炼出汽油产品。石油脑是人造天然气的主要原料，而且常常用作以天然气为燃料的发电厂在用电高峰时的发电燃料。

Natural gas（天然气）

一种自然存在的烃类与非烃类气体，在地表以下多孔隙的岩石层内发现，常常与石油伴生。主要成分是甲烷。

Natural gas liquids（NGL）（液化天然气）

湿气的烃类组分，其分子要比甲烷的大但比原油的小。液化天然气包括乙烷、丙烷和丁烷。

Net capability（电网能力）

设备的最大负载能力，仅供发电站独家使用，在一个特定的给定时间段内的条件下所独立负载的电量。这种能力由设计特征、发电厂条件、原动机、能源的保障，以及操作限制等所决定。

Net generation（电网发电）

指在发电厂内总发出的电力小于所消耗的电能。

Net summer capability（电网的夏季能力）

稳定的每小时输出能力，发电设备有望为系统负载提供可靠的电力，该值是以夏季用电高峰用电量来测定的。

Net winter capability（电网的冬季能力）

稳定的每小时输出能力，发电设备有望为附加的用电设施提供系统负载电量，该值是以冬季的高峰用电量来测定的。

NGA

1938年的《天然气法》。

NGPA

1978年的《天然气政策法》。

Niche（适当位置）

指一个范围宽广市场的一小部分。

Non-associated gas（非伴生气）

产自油气储集层内的、不含石油的天然气。

Nonattainment area（未污染区域）

美国的一种地理区域，由环境保护机构设定，拥有一个或多个严格的空气污染控制标准，该标准由美国国家空气质量标准控制。

Noncoincidental peak load（非常规高峰负载）

在一套系统上加载的两个或多个高峰负载，这种情况在相似的时间段内并不出现。只有当考虑到在一个限定的时间段内才可能出现，比如某天、某周、某月、在热的或冷的季节等，而且通常这种情况不会全年都出现。

Non-firm power（非固定的电力）

在一个部门控制下的电力或电力生产能力，其受到限制或没有保障。

Nonutility generator（NUG）（非公共事业部门的发电厂）

生产并出售电力的工厂，通常由长期的合同所控制。NUG还趋向于向附近的工业用户出售热能和电力。

Nonutility power producer（非公共事业部门的电力生产者）

拥有发电能力的一家公司、一个人、一家机构、团体或者司法部门，并且不是一家电力公共事业部门的单位。非公共事业部门的电力生产者包括控制小型的电力生产者和热电联产者，他们并不受设计要求的服务限定所管制。

North American Electric Reliability Council（NERC）（北美电力可靠性委员会）

由一些电力公共事业部门构成，进行关于他们的发电与输送系统可靠性的合作、提高与交流。NERC检查已经存在的和计划中的发电系统的可靠性，制定可靠性的标准，并将这些数据根据需要、可实现性和操作性进行汇聚。

O

Off-peak Gas（非高峰天然气需求）

当天然气的需求不在高峰时的输送量与需求量。

Off-peak power（非高峰电力）

在相对低的系统需求时期所设计的电力供应。

Ohm（欧姆）

电阻的测量单位。电路上两点间的电压为1伏特，当通过1安培稳恒电流时，那么两点间导体的电阻便定义为1欧姆。

Ohmmeter（欧姆表）

一种测量电阻的仪器。

Oil gas（石油气）

从石油脑提炼的人造天然气。

Open access（开放的通路）

一种将商品市场与非成批输送结合起来的方式，从根本上讲，生产者、终端使用者、区域性配气公司以及其他天然气转售者就相当于所有类型的输送者。

Operator（操作者）

一种法定的实体，通常为一个对工作有兴趣的拥有者，他负责管理一口油（气）井每天的操作或者租借。

Options（选择）

商业的派生物，转达一个正确的但并没有一个确定的目的——在一个特定的价格框架下究竟是购买还是出售，除非规定了最后期限，在那时才可做出正确的决策。

Outage（断供）

如果电力停止供应，在那一时刻的发电设施、输电线路或者其他设备也都停止工作。

Over-the-counter（买卖双方直接交易）

从属于商业活动或者商品性质，从一种有组织的交易所购买商品并销售，这种做法将参与谈判的各部门和所参与的交易直接联系起来。

Ozone transport（臭氧输送）

当从一个区域沿下风方向发生排放并与当地的排放物混合，而且这些排放物与下风处的臭氧相混合时就会发生臭氧输送。

Ozone（臭氧）

由三种氧离子构成的物质。是烟幕的主要成分。

Peak days（高峰期）

就电力而言，这一时期出现在夏季的几个月中，当时由于空调的大量使用而造成了电力需求量大增。对于天然气工业来说，这一时期则出现在冬季的数月内，因为那时是加热设备使用的最大限度时期。

Peak load plant（高峰负载发电厂）

一种一般拥有陈旧的厂房、低效率的蒸汽设施、汽轮机、柴油机或者泵式水利机组的发电厂，它们通常仅仅在用电高峰时投入使用。

Peak capacity（高峰能力）

设备的发电能力一般都储备着，留在用电量最大的几个小时、几天、几个星期，或者季节性负载中使用。一些发电设备可以在某一时间段使用以作为高峰负载能力，而在另外的时间段则以时间为基础提供服务性电力供应。

Petroleum（油气）

从广义上讲，指所有自然存在的流体烃类物质，包括天然气、凝析油、石油、沥青，以及相关的组分。狭义上讲，指液态烃类，包括石油和石油提炼后的产物。

pH 值

对固体或液体物质酸碱度的测量值。

Pipeline（管线）

指可以将天然气输送的所有设施，包括管子、阀门和其他辅助设备。

Pipeline quality gas（管线质量的天然气）

含有5%的纯甲烷热值或者在标准大气条件下1010Btu/ft^{3}热值，不含水分和有毒或腐蚀性物质的天然气。

Plant-use electricity（工厂用的电力）

在一个工厂的运行中使用的电力。这种电能是从工厂的总的生产能力中减去的。出于报道的目的，工厂能量生产是以纯数据显示的。根据定义，进行储蓄的工厂所需的能量应从该工厂的能量生产中减去，然后以纯数据的形式报道。

Poolco（Poolco 结构）

一种市场结构，常常被推荐给电力市场。根据这种市场结构，一个中央控制机构将购买来自各电力生产公司的电力，然后再出售个配电系统。在美国没有这种市场结构。

Power marketer（电力市场经销商）

一种从事购买和再销售电力的公司。这些商业类型的特点就在于没有其自己的发电设备。

Power pools（电力联营体）

一种部门间的组合，合作运行他们的发电厂并分担彼此间的费用。电力联营体在美国的东北部特别普遍。

Power surge（电力骤增）

在电力系统中电压的突然增加，能够损伤电力设施。

Power（功率）

以给定的电压输送的电流，以W测量，或者常用kW表示。为一个时间段输送的电力是能量，以kW·h测量。

Primary energy（一次能源）

指直接取自自然界没有加工转换的各种能量和资源。例如，用化石燃料生产的电力就不是一次能源，因为这种电力来自天然气、石油或者煤炭。

Prime mover（原动机）

发动机、涡轮机、水轮机或者相似的机械，它们可以驱动发电机。通常，原动机是一种将能量直接转换为电能的机械，如光电太阳能发电机和燃料电池。

Private power producer（私有化的发电者）

任何能够以批发式生产电力的或者自己能够发电的企业。

Privatization（私有化）

将政府拥有的企业转换为由私人拥有的企业。

Producing capacity（生产能力）

在一个场所或者其他生产单位，石油和天然气通过已有设备的最大能力而并不损伤生产储集层。

Producing sector（生产部门）

天然气工业的一部分，负责发现天然气、将其从地下的储集层中开采到地表，并将天然气提纯后销售给买主。

Propane（丙烷）

开采出的天然气内的一种烃类化合物。丙烷是液化天然气的一种类型，也是石油炼制的一种副产品，是液化石油气的主要成分。

Public utility（公共事业部门）

由公众拥有的电力事业部门，并不为区域性政府谋利益，而是为其集团和附近的用户们提供付费服务的，并将所获资金以商务活动的形式、经济而有效的活动以及较低的税收返还给这些用户们。

Public utility commission（PUC）（公共事业委员会）

一种管理部门或者是在美国州一级水平或多级水平上的立法机构，它的功能包括对公共事业部门进行立法。

***Public Utility Holding Company Act* of 1935（PUHCA）（1935年的《公共事业控股公司法》）**

PUHCA所确立的美国最大的州际间拥有公司的法律，这些公司可以在20世纪早期垄断电力工业。

Purchased power adjustment（购买电力调整）

当能源从其他电力系统传送过来并成为一个特定的基本电量时，这种机制可以为调整税率的安排提供付费线索。

***Public Utility Regulatory Policies Act* of 1978（PURPA）（1978年的《公共事业管制政策法》）**

PURPA提出了能源效率与增加可替代能源使用的建议，提倡各公司建设热电联产式发电厂与可再循环的能源计划。符合PURPA要求的发电厂称为具有资格的发电厂。

Quad

1×10^{15}Btu的缩写。对于天然气而言，该值大约为$1\times10^{9}ft^{3}$的体积。

Qualifying facility（QF）（具有资格的发电厂）

特指一个发电厂具备了：(1) 合格的热电联产或符合PURPA要求的小型发电系统；(2) 获得了FERC的认证。这些发电厂一般以公共事业部门的规避价格出售电力。

Rate base（价格基础）

根据公共事业部门允许获利所设定的一个特定价格，该价格是由立法机构设定的，具有一个返回的比率。这种比率基础通常代表着由公共事业部门通过提供服务所获得的利润，而且可以由任何人或者按照如下计算方法得出：净值、投资、再生产的费用或者原始投入。根据此方法，比率基础包括现金、工作能力、物资和供应，同时扣除为防止贬值而积累的供应份额、附加的建设费用、用户所建议的建设延期导致的收入税务，以及累计的延期税收贷款等，即为“价格基础”。

Raw gas（湿气）

从储集层采出的天然气，主要为甲烷的气体以及可能更重些的烃类气体，还有一些杂质，比如硫化氢、二氧化碳和水。

Recovery rate（采收率）

采用现代科技开采出来的储集层中的石油与天然气与可采的石油与天然气之间的比值。反过来讲，指在储集层内的石油与天然气与用设备所能开采出的量的比值。

Regional transmission group（区域性输送组织）

一个拥有输送能力的志愿者组织，输送服务的受用者，以及一些由联邦能源管制委员会资助的企业，它们可有效地协调输送和扩张服务范围、操作以及共同使用一个区域性基地。

Regulating transformer（规范的输电器）

用于各种电压或相角、或者两者兼而有之的输电器，在一些限定的条件下，控制输出电力的电路，并且可以缓解负载和输入电压的波动。

Regulation（调控）

政府通过对市场规范化和调整来控制或者指挥经济企业的功能。

Regulatory compact（规范化协议）

由一些负责为其所服务的区域提供建设发电厂、输电系统和配电系统内部建设的理论性建议，该部门保证为那些投资提供回报。

Regulatory environment（立法环境）

能够影响市场运作的立法与执行举措，由政府的和非政府的企业执行。

Reliability council（可靠性委员会）

以地理范围划定的、将企业之间相互联系的团体，他们一起从事评价整个系统的可靠性。

Renewable energy（可再生能源）

可以通过自然过程连续不断地再生的多种能源。包括太阳能、流动的水、地热泉、生物质能，以及风能等都属于此类能源，并可以用来发电。

Reserve margin（Operating）电力储备（可操作性）

一个电力系统在高峰期没有使用的那一部分，它们是发电单位总能量的组成部分。

Reserves（储量）

对于石油与天然气而言，它们是在现代商业条件和现有的技术可以开采具有商业开采意义的资源。“探明的”或者“可开采的”资源是与有望开采的已知的资源量相关。“预测的资源量”是那种已经提到的、在已知资源量之外的并有望开采的资源量。

Reserves-to-production（R/P ratio）（储采比）

是指上年底油气田剩余的可采储量与上年底油气田的采出量之比。

Residential（民用的）

民用部分被定义为私人住宅，它们对能源的消耗主要表现为房间的加热、水的加热、空调机的使用、照明、电冰箱、炊事以及衣物的烘干等方面。一个工业用户的能源消耗的分类主要体现在居民与商业两个方面，取决于其主要的用途。对于民用来说，并不包括一些特殊服务的用途（水、加热等）。公寓用户的消耗也在其中。

Residual oil（残油）

原油中较重的烃类，在蒸馏加工过程中不会被挥发。

Residual gas（残余气）

经过纯化去杂和液化物处理后，但在管线质量气体热值估算之前的天然气。

Restructuring（重建）

分开或者非集成的过程，一个区域性天然气企业真正的垄断功能——比如天然气的输送，或者为居民或商业用气进行天然气分配和管线输送，通过这些天然气输送的服务就可以赢得竞争。

Retail wheeling（零售转运）

从发电厂而不是其他的企业将电力输送给每个用户的行为。颁布于1992年的《能源政策法》禁止联邦能源管制委员会批准的零售转运。然而，各州与它们的法律实体则坚持它们自己的零售转运的自主性。

Retail（零售）

关于整个电力工业的销售，涉及民用、商用和工业的终端用户。其他的小规模用户，比如农业和街道照明方面的也包括在此类。

Retrofit（改型）

改变现存的设备或工厂的形式，以便提高其工作效率。

Running and quick-stat capacity（运行与快速启动能力）

发电设备的工作能力，能够承担负荷或者具有快速启动的能力。通常，具备快速启动能力的发电设备能够在30分钟内达到满荷负载。

Rural Electric Cooperatives（REA）（农村电力合作）

合作性组织，根据电力的批发价格把发电或购买电力与农村电力用户集合在一起，然后将这些电力以零售的价格进行分配。

Rural Electrification Administration（REA）（农村电力管理机构）

成立于1936年，目的在于将低价的电力输送到美国边远的农村地区。

Sale for resale（为再销售而进行的出售）

为其他能源部门、合作组织、美国联邦与州的电力机构提供的电力，并将其再出售给这些机构的用户们。

Scheduled outage（预安排停运）

事先有计划安排，为了检查或维修将发电设备、输送线路或者其他设施停止运转。

Secondary markets（次级市场）

对那些第一次销售价格和（或者）价格被长期合同、垄断势力或者政府的法令等所约束的货物进行再次销售的市场。没有受到这种约束的次级市场的交易能够对这些货物的最高价格进行新的制约，也可将货物转运或通过价格控制对货物进行囤积或抛售，用此手段提高物资分配的效率。

Sedimentary basin（沉积盆地）

大型地理区域，含有自然沉积的岩石层——它们是与地形相配套的沉积物，比如在湖泊或浅海的沉积。

Seismic survey（地震勘探）

一种地球物理勘探方法，根据岩石层之间的密度差异产生一些有代表性的声波，用来表征地下岩石层的性质。

Self-regulation（自我规范）

工业行为和对其本身政策的影响。

Service territory（服务范围）

一个特定的公司企业提供服务的地理范围。

Short circuit（短路）

一种相对较低阻抗的异常联结，是在一个循环中不同电位的两点之间偶然的、也可能是有意的设置。

Small power producer（小型电力生产者）

在《公共事业管制政策法》中规定，小型电力生产者或小型发电厂使用废料、再生燃料或者地热资源作为主要的能量来源进行发电。化石燃料可以使用，但是可再生燃料至少达到其所使用的总燃料的75%。

Spinning reserve（旋转预备）

在零负载状态下的发电和与之相配的电力系统的预备发电能力。

Spot market transaction（现货市场交易）

商品的销售与购买之处各方的购买与销售委员会缺少价格标准，相对期限或者合同市场来说，这种方式的交易是长期的，而且价格保证也常常是复杂多变的。对天然气而言，这种现货市场交易所持续的时间往往是一个或不到一个月。

Standby facility（备用设备）

一种可以提供一套发电系统并可以在没有负载的状态下运行的设备。它能够替代一套设备的正常工作。

Standby service（备用服务）

如果签署了合同或交易的协议，就能够按照需要为一个用户、一套系统或其他部门提供的服务。这种服务并不是必须的。

Steam electric plant（蒸汽发电厂）

一种以蒸汽涡轮机为原动机的发电厂。蒸汽由化石燃料的燃烧在锅炉中产生，用来驱动涡轮机。

Stranded benefits（套牢的利益）

社会的和其他有规律的“利益”，主要包括企业的税收——这可以在一个开放的市场上获得。

Stranded costs（套牢成本）

这取决于一个部门的固定费用，通常与发电厂的投资有关，这些不再由用户们通过他们从其他来源购买电力所支付的税率中交纳。

Stranded cost/investment（套牢成本/投资）

企业的资产，主要指高价位的发电厂，它们在一个竞争的市场上会失去价值。

Structure unbundling（结构的分散）

参见“垂向分散”。

Substation（变电所）

电力系统中对电能的电压和电流进行变换、集中和分配的场所。

Swaps（商品交换）

经济活动的派生物，在这一活动中，商品或经济资产的购买者与销售者以现金流进行实质上的交易。他们接收周期性付款，或者根据实际的市场状况与一种特殊的指示性价格之间的差异进行付款。

Switchgear（配电装置）

一个包含开关与切断装置，以及相关的控制、测量、保护与规范化设备的装置，也包括与这些设施相关的联结、辅助，以及支持等结构——它们主要用于发电、输电、配电和电力转化之间的联系。

Switching station（开关站）

用来紧密连接通过一个或多个电循环开关的发电厂设施。选择性地安排开关以允许将电流断开或者改变电路之间的接触关系。

Take-or-pay（支出或支付）

对一个特定的天然气质量进行付款的约束性合同，不论购买者是否发现可能需要等待时间才能进行输送。典型的情况是购买者依然拥有权力在付款之前持有一定量的天然气，但是仅在用完所有天然气后才有购买权。

Tariff（资费表）

包括罗列的条款、条件和提交给各种天然气服务的税率信息。这些资费表由美国联邦立法委员会或者州立法机构列出。

Therm（千卡）

热量单位，用 kcal 或 C 表示。1kcal 相当于 100000Btu。

Time-of-day pricing（每天的价格）

一种税率结构，以不同税率制定的电力价格，反映着公共事业部门在一天不同时间段中所提供的电力价格。

Tolling（运费）

一种协议，据此一方将燃料输送给一家发电厂并按照事前定好的价格接收返回的电力（以千瓦小时计）。

Transformer（变压器）

一种改变电流和电压的电器设施。

Transmission circuit（传输电路）

用来从发电站向用户输送电力的导体。

Transmission company（输电公司）

一种独立负责电力工业中电力输送的公司。

Transmission grid（输电网）

连接发电厂与配电厂之间的高压线路。输电网是将全美国的电力连接起来的工具。需要仔细地使用输电系统，才能保证可靠而有效的电力服务。

Transmission line（输电线）

一套由导体、绝缘体、支持设施和相关设备等构成的将大量电流以高压状态输送的设施。

Transmission system（输电系统）

一条输电线与相关设施相互连接的系统，可将不同电位处的电能移动或者输送，这些点包括支撑点和将配电站与用户连接起来或者将其与其他电力系统相互连接的结合点。

Transmission（输送）

电能在整个线路内部和支撑点与将电输送到用户（或者其他的电力

系统）的站点之间的流动和输送。输送被认为是当电能被输送到配电站及用户们的最后一道工序。此外，就天然气而言，天然气输送就是通过大口径的高压管线从生产输送到消费区域。

Transportation（运输）

天然气管线或者配气公司的服务，以收费的方式将天然气从一个区域输送到另一个区域。

Turbine（涡轮机）

用来发电的一种旋转式机械，以流体（如水、蒸汽或热气）为动力。涡轮机通过推动和反应将流体的动能转换为机械能。

Ultra-high voltage system（超高电压系统）

在该系统内，操作电压具有最大值，每平方英尺上有 80×10^4V 以上的电压。

Unbundling（分散处理）

将天然气的服务分解为不同组成的处理过程，并将每种服务分开标定价格。传统上，大量的天然气服务，比如销售、区域性输送和储存，就被统一进行并作为一个整体统一提供给用户，即将产品“打包”提供服务。通过这种分散处理，用户就能根据不同项目的定价分别付款。分散还允许用户们选择适合自己能源需求的独立的服务项目。这种做法可望成为电力工业、发电、输电和配电各行业，以及各种具有附加值服务和辅助性服务解禁的一部分内容。

Usage rates（用户身份）

根据所购买产品的量和他们使用该类产品的速度而划分的用户。

Useful thermal output（有用的热输出）

可以使用的、可用在任何工业或商业加工中的热能量，也可用在加热或制冷设备中，即除了电力之外的所有可以使用的热能量。

Utility（公共事业部门）

从事为公众使用的发电、电力输送或配电的私人拥有的公司和公共机构。

V

Value-added service（增值服务）

比如安全监测、电讯、互联网以及其他内容的服务中，提高电力的自身服务从而增加了电力服务的价值。其他的能够由企业提供的服务可以达到更大的使用保障和可信度。

Variable cost（变动成本）

指那些由电力企业部门制定的随电力输出水平并且包括燃料价格上涨因素而变化的成本。

Vertical disaggregation（垂向分散）

电力工业中的发电、输电和配电工作分派到一个企业的不同公司的举措。

Vertically integrated utility（垂向联合企业）

根据批发的原则出售电力的企业和那些从事不同范围的发电、输电和配电运营的企业。随着美国正在进行的电力工业的解禁措施，垂向联合的电力企业可能会有出色的表现。

Volt（伏特）

测量通过电路电压的单位。

Volt-Ampere, reactive（VAR）（无功伏安）

一种电阻抗负载，尤其是来自电动发动机的指征，可以引起在电网上出现比用户们实际消耗的更多的电流。这需要发电厂消耗更多的额外能源并引起配电网上更多的电力损耗。

Voltmeter（伏特计）

一种测量电路内部不同的两点之间电压的仪器（以 V 为单位）。

W

Watt（瓦特）

功率的基本表示。

Watt-hour（W·h）（瓦特·时）

一种功单位，是指一个电路中一小时的功率。

Wellhead price（井口价格）

按照法律规定、公司等付给土地所有者的矿区使用费规定或者收税的目的，最早出售石油或天然气的价格或价值。最早的销售可能在开采井附近、租借的或者区块交界处、一个天然气处理加工厂或者输气管线的某个开口处进行。

Wheeling service（电力转送服务）

从一套系统到另一套系统的电的流动，这种流动超越了插入系统的输电厂范围。滚动服务合同可以建立在一到两套系统之上。

Wheeling（电力转送）

将电流输送给用户们。批发式电力转送是将成批量的电力经电网向电力公司输送。零售式电力转送是将电力输送给终端用户，比如住户、商业部门和工厂的用户。

Wholesale wheeling（批发式电力转送）

一套输电系统的使用而且向其他系统收取相应的电力转送的费用。批发式电力转送只包括当电力购买者将电力再次向零售用户进行销售时所发生的电力销售行为。

《石油科技知识系列读本》编辑组